Das Buch

Dräuend und schwarz liegt das deutsche Typ-XXI-Boot an der Pier – eine Neukonstruktion, die länger unter Wasser bleiben kann und mit siebzehn Knoten Geschwindigkeit schneller vorankommt als alle U-Boote zuvor. Atlantikeinsatz – doch schon in der Island-Passage erleidet es Schraubenschaden durch Treibeis. Da kommt neue Order: Eismeerpatrouille zwecks Beobachtung der Murmansk-Geleitzüge. Gleichwohl weicht eine deutsche Rakete von ihrem vorgesehenen Erprobungskurs ab, das Wrack und die innovative, möglicherweise kriegsentscheidende Technologie sind in Gefahr, in die Hände der Alliierten zu fallen. Nur Korvettenkapitän Bender ist nahe genug an der Unglücksstelle, um ein Desaster zu verhindern. Er taucht in die tödliche Hölle unter dem Eis, bis Batterien und Sauerstoff am Ende sind . . .

Der Autor

C. H. Guenter wurde 1924 in Franken geboren. Wie viele seiner Altersgenossen legte er im Krieg das Notabitur ab und wurde zur Marine eingezogen, der er dann bis Kriegsende angehörte. Seine wichtigsten Einsätze erlebte er als Offizier zum Teil auf U-Booten. Seine Laufbahn als Schriftsteller begann C. H. Guenter mit dem Schreiben von Songtexten und Kurzgeschichten. Später folgten Drehbücher und Kriminalromane. Viele seiner Romane erschienen in den USA, in England, Frankreich, Brasilien, Italien und Rumänien.

Die U-Boot-Romane von C. H. Guenter erscheinen als Taschenbuchoriginalausgaben exklusiv bei Ullstein Maritim:

Herr der Ozeane: U 500
Das Santa-Lucia-Rätsel
U-Boot-Einsatz in der Todeszone
U-Boot unter schwarzer Flagge
U 136: Einsatz im Atlantik
U 136 in geheimer Mission
U 136: Flucht ins Abendrot
U-77: Gegen den Rest der Welt
U-Kreuzer Nowgorod
U-XXI: Die erste Feindfahrt war die letzte
U-Z jagt Cruisenstern

C. H. Guenter

U-XXI:
Die erste Feindfahrt war die letzte

Roman

Ullstein

Besuchen Sie uns im Internet:
www.ullstein-taschenbuch.de

Umwelthinweis:
Dieses Buch wurde auf chlor- und säurefreiem Papier gedruckt.

Originalausgabe im Ullstein Taschenbuch
Ungekürzte Neuausgabe
1. Auflage Februar 2007

Umschlaggestaltung: Buch und Werbung, Berlin
Titelabbildung: Viktor Gernhard
Satz: KompetenzCenter, Mönchengladbach
Gesetzt aus der Sabon
Druck und Bindearbeiten: Ebner & Spiegel, Ulm
Printed in Germany
ISBN 978-3-548-26663-3

1

Norwegen,
U-Boot-Stützpunkt Kristiansand 1944

Dieser Sommer war ein Winter, die Polarnacht ein dunkler Tag. Dräuend und schwarz lag das deutsche Typ-XXI-Boot an der Pier des Stützpunktes. Von der Stadt her näherte sich ein Auto, eine Mercedes-170 V-Limousine. Ein Mann stieg aus. Der Leinenposten salutierte müde.

»Weiterschlafen, Mann«, sagte der Offizier und eilte über die Stelling an Deck.

»Jawohl, Herr Korvettenkapitän.«

Der Kommandant schlug den Kragen seiner Lederjacke hoch bis zu den Ohren. Der Wind blies vom Meer her in den Fjord wie durch eine Düse. Kaum hatte er das Deck betreten, flammten Scheinwerfer auf. Auch seine Besatzung trug Lederpäckchen, schwarz wie das Boot. Letzte Arbeiten fanden statt. Deck aufklaren, Frischproviant übernehmen, Luken dicht, Leinen lockern. Alle Klappen zu. Der I WO meldete das Boot klar zum Auslaufen. Ebenso Sax, der LI.

»Wir sind vollgetankt bis zur Halskrause, Herr Kapitän. 260 Tonnen Diesel. Läuft uns beinahe schon aus den Ohren. Batterien geladen, Maschinen warmgelaufen.«

Der Oberbootsmann, ein Kerl wie ein Gorilla mit Armen bis zu den Knien, schoß eine widerspenstige Stahltrosse auf. »Proviant übernommen, Herr Kapitän, und verstaut Für sechzig Mann für sechs Wochen.«

»Finden Sie auch alles wieder, Becker?«

Der Bootsmann, von Beruf Lagermeister, lächelte nur. Er kannte sich aus beim Stauen. »Ich kenne jede Kartoffel mit Vornamen, Herr Kapitän.«

»Und wen mit Nachnamen?«

»Die Dauerwürste und Schinken.«

An der Pier zog eine morgenmüde Musikkapelle auf. Auch der Flottillenchef kam zur Verabschiedung des nagelneuen Typ-XXI-Bootes.

Die Kommandos »Leinen los, Backbord E-Maschinen langsame Fahrt voraus, dreißig Umdrehungen« gingen in den Klängen des Defiliermarsches unter. Lautlos glitt das Boot bis zur Mole. Draußen in der Tiefenrinne erreichte es der erste starke Wellengang.

Korvettenkapitän Bender begab sich über die nahezu stromlinienförmig verschalte Brücke turmabwärts in die Zentrale. Als Kommandant des modernsten U-Bootes aller Zeiten, mit nahezu zweitausend Tonnen doppelt so groß und getaucht auch doppelt so schnell wie die alten VII C-Kampfboote, hatte er den dritten breiten Ärmelstreifen erhalten. Sie hatten ihn zum Korvettenkapitän befördert, vorgestern in Oslo.

Vor dem Einsatz befahl der kommandierende Admiral der Marinestreitkräfte Nord Bender noch einmal zu sich. Sein Büro lag im roten Backsteinbau am Fährhafen von Oslo, wo früher der königlich-norwegische Flottenchef gesessen hatte.

Ziemlich erstaunt war Bender, im Büro des Marinebefehlshabers den BdU zu treffen. Der kantige, hagere Dönitz verschwand beinahe in dem riesigen Clubsessel. Ganz im Gegensatz zu seinem sonst eher knarrigen Tonfall wirkte er heute beinahe weich. Offenbar hatten ihm die Mißerfolge der letzten Monate sehr zugesetzt.

»Bender«, begann er ohne große Einleitung, »auf Ihren Einsatz setze ich alle Hoffnung. Allein in diesem September habe ich fünfundzwanzig Boote im Nordatlantik verloren. Dabei wurde kein einziger feindlicher Dampfer versenkt. Sie sind der erste, der mit einem Typ XXI hinausfährt. Vergessen Sie nicht, daß dieses modernste U-Boot der Welt hauptsächlich auf Ihre Anregung hin konstruiert und gebaut wurde. Keiner kann damit so umgehen wie Sie. Ich weiß, es hat lange gedauert, bis ich auf Ihre ständigen Berichte und Mahnungen eingegangen bin. Es müssen Dutzende gewesen sein. Ich habe sie alle gesammelt.«

»Es waren genau vierundsechzig, Herr Admiral«, antwortete Bender. »Es ging mir hauptsächlich darum, daß sich der U-Boot-Bau praktisch nicht weiterentwickelt hatte. Unsere Kampfboote sind langsamer und schlechter als vor fünfundzwanzig Jahren bei Ende des Ersten Weltkriegs.«

Nicht, daß ihn der BdU umarmte, aber er legte seine knochige Hand auf Benders Schulter und sagte:

»Dafür haben Sie jetzt eine Waffe, doppelt so groß, doppelt so schnell, doppelt so kampfkräftig wie alles, was bisher dagewesen ist. Sie haben diesen gewissen Fanatismus, der nötig ist, um mit diesem Instrument umzugehen. Ich kann mir gut vorstellen, was Sie antreibt. Auch in mir war das so, als ich noch ein U-Boot kommandierte. Wir wollen nicht einfach nur der Beste unserer Klasse sein, wir wollen die Besten sein, die es jemals gegeben hat.«

Darin konnte ihm Bender nicht widersprechen. Der BdU lag richtig. Die Natur hatte ihn mit einem phänomenalen Gedächtnis ausgestattet. Wenn er nur fünf Sekunden durch das Sehrohr blickte, konnte er sich ein Bild von dem machen, was über dem Boot bis zum Horizont los war. Später sich an jedes einzelne Detail erinnern und in seinem Kopf ablegen wie ein Foto. Er hatte einfach einen Instinkt für U-Boote.

Zum Abschied sagte der BdU: »Machen Sie es gut, mein Junge. Ich baue auf Sie.«

»Und ich versuche, Glück zu haben, Herr Admiral.«

Dönitz blickte ihm lange in die Augen und antwortete: »Für Glück haben wir leider nicht genug Zeit mehr.«

In dieser Stunde, in dieser Minute, hatte Bender noch keine Vorstellung, was für ein Wahnsinnseinsatz aus dieser Feindfahrt werden würde.

Nach ausführlicher Erprobung war dies der erste Einsatz eines Typ XXI. Von den blonden Marinehelferinnen an der Pier war nichts mehr zu sehen, von der Kapelle nichts mehr zu hören.

Korvettenkapitän Curt Bender wandte sich an seinen I WO, den farblosen, aber zuverlässigen Mühlens. »Bringen Sie das Boot bis zur Ansteuerungstonne, dann Kurs Färöer-Passage.«

Viel mehr brauchte er nicht zu sagen. Sie waren aufeinander eingespielt Er hatte die Besatzung von seinem alten VII C-Boot übernommen. Sie kannten ihn, er kannte sie. Die Versenkungen während der Atlantikkämpfe hatten ihnen das EK I eingebracht und ihm das Ritterkreuz.

Später saßen sie in der O-Messe beim Frühstück.

»Nach der Ansteuerungstonne lassen Sie tauchen, I WO. Die britischen Fernaufklärer müssen nicht gleich spitzkriegen, wer hier in See schippert.« Dann wandte sich Bender an den Leitenden Ingenieur. Es war mehr ein Zeremoniell als ernst gemeint Außerdem konnte er einem solchen Klasse-Ingenieur natürlich nicht mit solchen Kinkerlitzchen kommen. Er tat es trotzdem. »Sind auch alle Auspuffklappen dicht, Sax?«

Der LI nickte nur.

»Denken Sie an Christiansen. Bei dem kam das Wasser durch eine Dieselauspuffklappe, die versehentlich offengelassen war. Das Wasser hat den Maschinenraum überschwemmt, das Boot ist rapide auf den Meeresgrund abgesackt. Dabei sind sechzig Mann ertrunken. Sie liegen alle hübsch nebeneinander auf dem Friedhof von Laboe. Man konnte das Boot heben, sonst wüßte man heute noch nicht, warum es absoff.«

Daß beim Tauchen alles dicht war, galt als eines der großen Probleme bei U-Booten. Ein einziger Fehler, und man bekam keine zweite Chance mehr.

Bevor sie tauchten, bewegte die lange Dünung das Boot, daß der Bug immer wieder einklatschte und die Gischt bis zur Brücke spritzte. Aber im Vergleich zu den alten Booten war sie nicht mehr offen, sondern verkleidet.

Bald fuhren sie getaucht. Die gewaltigen Batterien erlaubten das zwei Tage lang. Nach etwa hundertdreißig Meilen ließ Bender auftauchen und das Boot durchlüften. Der Funker legte ihm die neueste Wettermeldung vor.

»Eisgang in Richtung Island. Schollendicke bis fünfzig Zentimeter.«

Das war noch weiter nördlich und interessierte sie wenig.

»Batterieladung.«

Am Abend wurde ein Geleitzug gemeldet, Geräusche von mindestens dreißig Dampfern. Bender verzichtete darauf, durch die Färöer-Passage den Atlantik zu erreichen. Der Obersteuermann setzte den Kurs zu dem Geleitzug ab. Sie nahmen Kurs etwas nördlicher, Richtung Grönlandstraße, 295 Grad.

Eine Menge Begleitfahrzeuge umrundete den Konvoi schützend. Bender befahl Schleichfahrt. Dann mußte im Boot absolute Stille herrschen. Die Männer liefen in Filzpuschen herum, nichts durfte zu Boden fallen. Ein Hammerschlag auf Flurplatten wäre meilenweit zu hören gewesen.

In der Nacht tauchten sie auf und setzten sich mit großer Dieselfahrt vor das Geleit. Dazwischen immer Unterwasserlauschen. Bender ließ klarmachen zum Überwasserangriff.

Da gab der Horcher Alarm. »Schnelles Schraubengeräusch, vermutlich Turbine.«

Sie tauchten sofort wieder.

»Auf fünfzehn Meter gehen.«

Bender fuhr das Sehrohr aus und erkannte, was los war. Im Eisnebel hatte sich ein Bewacher angeschlichen. Vermutlich hatten sie den leichten Wellenbuckel erkannt, den jedes getaucht laufende U-Boot über sich herschob.

Bender fluchte leise. In Stichworten gab er seine Beobachtung durch. »Fregatte. Muß ein Typ Spider sein.«

Diese Spider MK-3, etwa hundert Meter lange, stromlinienförmige Schiffe, waren bei U-Booten gar nicht beliebt. Erbaut hatte sie eine der immens erfahrenen britischen Werften, Vickers in Schottland. Sie liefen fünfunddreißig Knoten. Bespickt mit Wasserbombenwerfern, hatten sie schon die neuen Kaliber an Bord, die hundert Kilogramm TNT enthielten. Sie wurden vom Heck aus abgefeuert mit einer Reichweite von einer halben Meile. Sie schossen immer eine Gruppe von mindestens sechs Bomben mit unterschiedlicher Tiefeneinstellung ab. Volltreffer rissen ein U-Boot glatt in Stücke.

Wie alle Kommandanten fürchtete auch Bender diese schnellen Fregatten. Und die hier raste gerade jetzt vierkant auf sie zu. Distanz vielleicht noch 1,5 Meilen. Ein Typ XXI hatte kein Heckrohr, aber zum Glück war Benders Boot schußbereit. Gewöhnlich war es der ausgesprochene Glücksfall für Scharfschützen, so einen U-Boot-Jäger zu treffen, doch sie hatten den neuen Torpedo an Bord, den Zaunkönig. Es war eine Kombination zwischen T-5 LUT mit selbstsuchender

Geräuschpistole. So gut gezielt wie möglich, gab Bender zwei Aale frei. Sie würden sich selbst ihr Objekt suchen. In Gegnernähe würde das Mikrofon im Torpedokopf auf Geräusch und das Pendelsystem auf Magnetismus reagieren. Wenn sie Glück hatten.

Sie starrten auf die Zeiger ihrer Stoppuhr. Enttäuschung machte sich breit, aber die Zeit war vorbei.

»Versager«, wollte der Obersteuermann gerade sagen, als ihm die ferne Detonation die zweite Silbe des Wortes von den Lippen fetzte.

Ein Blick durch das Periskop. Hinter einer roten Feuerwand, die wie ein Vorhang wehte, schien die getroffene Fregatte auseinanderzubrechen. Eines war Bender klar: Jetzt hatten sie auch die anderen Bewacher des Geleitzugs am Hals. Trotz Schleichfahrt, ständigem Kurs- und Tiefenwechsel, bekamen sie die Quittung. Sechs Stunden Wasserbomben. Es kam zu den üblichen kleinen und großen Ausfällen, hier ein Wassereinbruch, dort geplatzte Lampen und Sicherungen.

Noch lange hörten sie das ASDIC der Verfolger. Endlich schienen die Engländer aufzugeben. Sie wußten ja nicht, daß sie ein neues Typ XXI-Boot vor sich hatten, das länger unter Wasser bleiben konnte und mit siebzehn Knoten doppelt so schnell war. Trotzdem hatten die Verfolger sie kräftig herumgeschüttelt.

In der Nacht wagte Bender aufzutauchen. Das Boot kam sehr schnell heraus, die See ringsum im grauen Mittsommerlicht war leer. Doch während der Verfolgung waren sie in Treibeis geraten.

»Alter Kurs«, befahl Bender und ließ die erschöpften Batterien mit Diesel nachladen.

Noch in der Überlegung, ob er seine Absetzbewegung in Schnorchelfahrt fortsetzen sollte, erschütterte sie plötzlich ein heftiger Schlag vom Heck her, als habe eine eiserne Faust das Boot gewuchtet Der Backborddiesel lief unrund. Wassereinbruch durch das Backbordschraubenlager war die Folge.

»Schadensmeldung«, forderte Bender an. »Verdammt, wo bleibt die Meldung?«

Ziemlich blaß erschien der Leitende in der Zentrale. Er hatte schnell herausgefunden, woran es lag.

»Backbordwelle zeigt starke Unwucht. Höhenschlag vermutlich.«

»Ursache?«

»Eisschaden wohl auch an der Schraube. Bei großer Fahrt Unwucht im Wellenlager.«

Bender zog die Stirne hoch. »Geht da was mit Bordmitteln zu machen?«

»Nein, Herr Kapitän, dazu müssen wir ins Dock«

Der laufende Propeller hatte also eine dicke Eisplatte erwischt.

Schweren Herzens formulierte Bender die Funkmeldung und setzte sie an den BdU ab. Es gab nicht allzu viele Möglichkeiten. Vermutlich würde der Befehl lauten: Einsatz abbrechen.

Es dauerte lange, bis der BdU zurückfunkte: »Wie schnell können Sie noch laufen?«

An Bord wurde mit Dieseln und E-Maschinen herumprobiert und gerechnet. Die Unwucht stellte sich bei etwa zwölf Knoten über und unter Wasser ein. Sie machte aus dem Boot einen einbeinigen Patienten mit Schüttelfrost.

Es dauerte ewig, bis die Antwort aus dem Lager

Koralle bei Berlin vorlag. Der BdU hatte entschieden, anders als erwartet. Nichts von Rückmarsch. Die neue Order wurde dechiffriert. Der I WO holte den Klartext aus der Enigma.

Bender las ihn halblaut: »Fernpatrouille im Eismeer. Beobachtung von Murmansk-Konvois. Kein Angriff. Kampf ausweichen. Wettermeldungen.«

Das war's also.

Bender wandte sich über Lautsprecher an seine Besatzung. »Es geht polwärts, Leute. Zieht euch warm an.«

»Denn die Kälte greift den Darm an«, witzelte der II WO, den sie Graf nannten, weil er Vonschein hieß.

Und hinten im Unteroffiziersraum sang jemand: »Es steht ein Soldat am Eismeerstrand, hält Wache für sein Vaterland.«

2

Insel Mykonos, Ägäisches Meer

Der Reichssender Berlin kündete seinen Wehrmachtsbericht mit Fanfaren an. Angeblich hatten deutsche Truppen in Nordafrika Geländegewinne zu verzeichnen.

Anders BBC London. Hier begannen die Meldungen mit vier Paukenschlägen – tantamtamtom. BBC zufolge hatte Marschall Montgomery die Armee Rommels bereits ins Mittelmeer getrieben.

Beide Sender logen.

Tatsache aber war, daß nur fünfhundert Kilometer nördlich von dieser Wüstenhölle das Paradies lag. Auf den griechischen Inseln hatte sich durch die deutsche Besatzung kaum etwas geändert. Zumindest nicht am Wetter. Es war ein wunderschöner Sommer, ein Juni, nicht zu heiß, so daß die Rosen noch dufteten.

Nach dem Frühstück lag Dr. Fiedler, Spezialist für Rückstoßtriebwerke in der Raketenversuchsanstalt Peenemünde, im Schatten der Arkaden seines Hauses und genoß den Sonderurlaub. Nackt ließ er den sanften Wind über sich hinwegstreifen. Es war wie die zarte Berührung von Fingerspitzen.

Fiedler liebte Griechenland, den Wein, die Sirtakiklänge, das Essen, vor allem aber die Knaben, wenn sie braungebrannt auf der Wiese vor dem Haus ihre Ballspiele trieben.

Nachts wurden die Feste gefeiert, der Vormittag diente der Erholung. Aber meistens peinigten den Wissenschaftler seine Sorgen. Seit Monaten hatte er nichts mehr von Dirk Lohner gehört. Keine Post in Deutschland, keine Nachricht von ihm bei ihrer Tarnadresse in Mykonos. Vielleicht ist heute etwas dabei, dachte er, ging ins Haus, nahm einen Schluck Wein und kleidete sich an – weiße Leinenshorts, blaues Seidenhemd. So schlenderte er die mehrere hundert Meter hohe Flügelflanke zum Hafen hinunter. Dort kaufte er ein. Kaninchen, frischen Fisch, Käse, Brot, Obst, Gewürze – Thymian, Basilikum, Rosmarin. Den Wein ließ er sich im Faß direkt von den Winzern kommen.

Er ging weiter durch den belebten Markt zum Postamt. Dort überragte der einsneunzig große, blonde Fiedler alle anderen. Die Postbeamtin winkte ihm zu. Ihre Handbewegung sagte alles: nichts für Sie gekommen. Fiedler machte kehrt, spazierte über die Treppen- und Serpentinenwege wieder hinauf zu seiner Villa. Die Sorge trieb ihn so um, daß er zu telefonieren begann. Möglicherweise wurde das Telefon überwacht, aber das war ihm jetzt gleichgültig. Er meldete ein Gespräch nach Berlin an. Dort hatte er einen guten Freund beim GfS, dem Generalkommando für Sondereinheiten. In Berlin war es jetzt eine Stunde später als hier, außerdem herrschte im Reich doppelte

Sommerzeit. Es dauerte Stunden, bis er endlich den Oberst am Draht hatte.

Fiedler faßte sich kurz: »Du kennst doch meinen Freund Dirk Lohner. Habe monatelang nichts von ihm gehört. Kannst du nach seinem Verbleib forschen?« Auf zweitausend Kilometer Entfernung hörte er, wie der Generalstabsoffizier schwer einatmete.

»Wie stellst du dir das vor, Fiedler, bei Millionen von Soldaten unter Waffen, verstreut über halb Europa. Was ist seine Einheit?«

Sie hatten beide die gleiche Gesinnung, vor allen Dingen, was ihre Einstellung zum Krieg und zu den Nazis betraf. Also konnte sich Fiedler ihm offenbaren.

»Er gehört zum Strafbataillon 99.«

»Hmm«, hörte er. »War er im Zuchthaus?«

Fiedler versuchte, die Antwort vorsichtig zu formulieren: »Dirk wollte aus religiösen Gründen den Kriegsdienst verweigern.«

Der Oberst erklärte noch einmal, wie schwierig die Nachforschung in diesem Falle sei, versprach aber, sich zu informieren.

In der Nacht, wenn es kühl wurde, feierten sie, tranken ungeharzten Wein, sangen Lieder und führten bei Kerzenlicht ihre Spiele auf. Eine Harfinistin begleitete sie dabei. Es waren Spiele, wie sie auf den Vasen der alten Griechen dargestellt waren: Hermes mit Satyr oder Aloete mit Tänzerin. Ein junger Bursche mit dem Kopf eines edlen Griechen aus der alten Palestra von Delos hatte es Dr. Fiedler in diesem Jahr besonders angetan.

Doch richtige Freude wollte bei ihm nicht aufkommen. Irgendwo an der Ostfront kämpfte Dirk und hatte versprochen, immer zu schreiben. Doch seit Monaten kein Lebenszeichen mehr. Was war passiert?

Am nächsten Vormittag erreichte Fiedler seinen Freund in Berlin noch einmal.

Der Oberst versuchte ihn zunächst zu beruhigen: »Auf den Verlustlisten steht er nicht. Aber seine Einheit ist bei dem Unternehmen Zitadelle, bei der Panzerschlacht um Kursk also, eingeschlossen und nahezu aufgerieben worden.«

Noch voller Hoffnung bemerkte Fiedler: »Er könnte auch unter den Verletzten sein.«

»Ich melde mich wieder«, versprach der Oberst in Berlin.

Noch besorgter als vorher, setzte sich Fiedler stumm in eine Ecke der Villa und begann, sich zu betrinken. Mit weißem Santorin.

Im vergangenen Jahr hatte Fiedler die Insel für sich entdeckt. Er war für ein paar Wochen hier gewesen. Eine traumhafte Zeit. Sehr früh am Morgen, bei Tau und Tag, ging er zum Strand hinunter, um wenigstens fünf Kilometer zu wandern. Als er um einen Felsen herumkam, sah er in der ersten wärmenden Sonne an der sonst leeren Bucht einen jungen Menschen sitzen. Mit Kennerauge schätzte ihn Fiedler sofort ab. Der Bursche mochte Anfang zwanzig sein, hatte blondes, gekräuseltes Haar und den sonnengebräunten Körper eines olympischen Diskuswerfers. Langsam ging Fiedler näher. Obwohl er schon seinen Schatten auf ihn warf, schien ihn der junge Mann nicht zu bemerken. Er starrte auf das silbrig glitzernde Meer hinaus und nahm keine Notiz von dem Fremden. Nur ab und zu hob er eine Muschelschale auf und warf sie in die Dünung.

Fiedler, der immer etwas Proviant in einem Leinenbeutel dabei hatte – Sonviakiwein, Brot, Käse, kaltes Huhn – breitete es aus. Mit einer Handbewegung lud er den jungen Mann ein.

Doch der rührte sich nicht, sondern hockte da, erstarrt wie eine Puppe.

»Kann ich Ihnen helfen?« setzte Fiedler an.

Keine Antwort.

»Haben Sie Probleme?« Und dann äußerte Fiedler, was er befürchtete: »Wollen Sie vielleicht hinausschwimmen und sich umbringen?«

»Ja«, sagte der junge Mann endlich und nickte dazu. Dann schien es aus ihm herauszubrechen. »Ich bin Dirk Lohner, ich komme aus einer frommen Familie bei Lübeck. Wir gehören den Bibelforschern an. Unsere Gruppe wurde von den Nazis verboten. Sie hassen uns, und wir hassen sie, denn wir kennen nur einen Gott und können nicht eine ganze Regierung vergöttern. Also habe ich den Kriegsdienst verweigert. Sie sperrten mich ein. Erst Beugehaft, dann drohten sie mir. Mein Verhalten sei ein Verbrechen, auf das die Todesstrafe steht. Ich wurde von Stabsärzten untersucht. Weil ich absolut fronttauglich bin, schlugen sie mir Bewährung vor. Da hörte ich, daß meine Mutter erkrankt sei, und wollte freikommen. So erklärte ich mich einverstanden. Nun habe ich einen Einberufungsbefehl erhalten für die Rekrutenkompanie und ein Sonderbataillon an der Ostfront. Ich glaube, es heißt Strafbataillon 99.«

Fiedler äußerte lange nichts und dann: »Davon habe ich gehört. Dem wollen Sie sich also entziehen?«

Wie in Trance sprach der junge Mann: »Das hier, diese Insel, ist meine letzte Zuflucht.«

»Man wird Sie überall finden«, fürchtete Fiedler. »Damit müssen Sie sich wohl abfinden. Natürlich werde ich Ihnen helfen.«

»Ich bin noch nicht vereidigt, also nicht desertiert«, erklärte Dirk Lohner.

Fiedler wiegte zweifelnd den Kopf. »Was Sie sind, entscheiden nicht Sie, sondern andere.«

Er nahm den jungen Mann mit ins Haus in seine Obhut.

Damals hatte ihre Liebe begonnen.

Zweimal in der Woche war in Mykonos Markt. Dr. Fiedler besuchte aber auch die anderen Märkte. Meist segelte er mit einem Kaiki hinüber zu den anderen Kykladeninseln, nach Rinia, Tinos, Naxos. An den Ständen und in den Kneipen fand er, was er suchte. Amphorenscherben oder Trümmer antiker Büsten interessierten ihn nicht. Es ging ihm um Münzen, um Goldmünzen. Die fand man immer wieder. Griechische Schwammtaucher boten sie an oder auch deutsche Soldaten. Als Beutemacher verkauften sie die Ware gerne gegen Drachmen oder Soldatengeld. Schließlich konnte man Wein und Frauen nicht mit Goldmünzen bezahlen.

Im Laufe seiner Marktbesuche bekam Fiedler einige Dutzend solcher Münzen zusammen. Ihr Wert entsprach dem von mehreren tausend Goldmark. Er tat es nicht aus Habgier, sondern aus Vorsorge. Er fürchtete, daß er irgendwann eine eiserne Reserve benötigen könnte.

Manchmal trank er in den Hafenkneipen von Mykonos auch ein oder mehrere Gläser Wein. Eines Abends kam er wieder mit den Fischern ins Gespräch. Ihr Wortführer, ein riesiger dunkelbärtiger Kerl, war ein ausgesprochener Deutschenhasser. Er sprach gut Englisch und fing immer wieder an zu hetzen.

»Montgomery hat Rommel und seine Truppen mit einem Arschtritt ins Meer geschmissen«, rief er, »und wir werden euch Deutschen auch bald einen Arschtritt verpassen.«

Die Inseln litten wahrlich nicht unter der deutschen Besatzung. Alles lief einen fast friedlichen Gang, und Dr. Fiedler reagierte nicht auf die Vorwürfe. Doch der Fischer, schon angetrunken, kam dadurch richtig in Fahrt.

»An der Ostfront lehren sie die Deutschen das Laufen. Die Russen haben Wjasma befreit. Beim Unternehmen Zitadelle haben sie 10000 deutsche Tigerpanzer zerstört. Und jetzt holen sie sich Smolensk und Kiew zurück.«

Der Fischer leerte noch zwei Gläser. Er stürzte sie geradezu hinunter in seinen trockenen Hals.

Der Muskelprotz machte weiter: »Die Alliierten nehmen Panteleria, General Patton landet auf Sizilien und die achte britische Armee in Salerno. Sie haben sich Mussolini geschnappt. Aber daß sie euren genialen Feldmarschall Rommel aus El Alamein vertrieben haben, das ist schon das allergrößte.«

Jetzt endlich wagte Dr. Fiedler eine Antwort. »Sie

haben den Nachschub zerbombt. Können Sie vielleicht mit Ihrem Kutter ohne Benzin hinausfahren, um Fische zu fangen?«

Offenbar war diese gemäßigte Antwort dem Fischer ein willkommener Anlaß. Er zog das Messer und wankte auf Dr. Fiedler zu. Alle anderen, die sich im Grunde neutral verhalten hatten, blickten zur Seite. Im Augenblick des Angriffs auf Fiedler wurde die Tür der Hafenkneipe brutal eingetreten. Ein Mann stand da. Er trug die Leutnantsuniform der deutschen Kriegsmarine und schien die Lage sofort zu überblicken.

»Halt! Aufhören!« schrie er. Da er kein Griechisch konnte, wurde er nicht verstanden. Also zog er seine Pistole 0.8 aus der Gürteltasche und feuerte dreimal gegen die Decke.

Schlagartig wurde es still in der Kneipe. Der Offizier bahnte sich mit vorgehaltener Pistole den Weg bis zur Theke und schaute sich um. »Sind Sie Dr. Fiedler?« fragte er den Deutschen.

»Bin ich.«

»Mitkommen!« schnarrte der junge Offizier.

Fiedler zögerte. »Ich bin Zivilist«

»Spielt keine Rolle.«

»Heißt das, daß Sie mich verhaften?«

»Das werden Sie schon sehen. Mitkommen jetzt, Mann!«

Fiedler fürchtete, daß die schönen unbeschwerten Tage von Mykonos ihr Ende gefunden hätten.

3

Nördliches Eismeer, Kurs Murmansk

Mit seinem beschädigten Typ XXI-Boot folgte Korvettenkapitän Bender einem der QX-Geleitzüge. Dabei hielt er mehrere Meilen Abstand und blieb in der Hoffnung oben, die Wetter- und Seelage mache ihn unsichtbar. Volle Batterien waren lebenswichtig.

»Dämmerungsbeginn«, meldete der Obersteuermann.

Doch an der Helligkeit änderte das wenig.

Wenig später ließ Bender tauchen. Offenbar hatte beim Entlüften ein Tankerkapitän das schäumende Wasser erkannt, vielleicht auch nur das Sehrohr, das stets einen dünnen Schaumstreifen hinterließ. Der Tanker war das letzte Schiff im Geleit. Er scherte nach Backbord aus und versuchte, sie zu rammen oder zu vertreiben.

Der Horcher meldete den Anlauf: »Tanker erhöht die Geschwindigkeit. Dampfmaschine, etwa sechs Knoten, Abstand zwei Meilen.«

Für Sekunden steckte Bender noch einmal das

Sehrohr heraus und prägte sich ein, was er sah. Er konnte nicht anders, als den Tanker mit einem Torpedofächer zu bedenken. Wegen des Schraubenschadens konnte er ihm vermutlich nicht entkommen. In aller Ruhe fuhr er den Angriff, drehte das Boot in Schußrichtung und löste dann den Doppler. Wenn er traf – und daran zweifelte er eigentlich nicht –, hatte er sich praktisch verraten. Denn Treibminen oder so etwas Ähnliches gab es hier oben in der Barentssee kaum.

Noch bevor die Stoppuhrzeiger das Ende der Laufzeit angaben, erfolgte eine gewaltige Explosion. Bender wagte einen Sehrohrrundblick und ließ den I WO zwecks Bestätigung der Versenkung ebenfalls hindurchblicken.

»Der hatte wahrscheinlich Flugbenzin geladen. Jetzt können wir uns auf Wasserbombenhagel einrichten, Herr Kapitän.«

Doch nichts dergleichen geschah. Die Karawane zog weiter auf ihrem östlichen Kurs. Später, nach einem neuen Sehrohrrundblick, wagte Bender aufzutauchen. Kaum waren sie oben, und ihre Augen hatten sich an das Dämmerlicht gewöhnt, deutete der Steuerbordausguck nach Süden.

»In drei Uhr, Herr Kapitän!« schrie er. »Da kommt was!«

Was für ein unglaubliches Ereignis! Über den Himmel zog, von der Landseite, also von Süden her, ein Gegenstand wie eine niedere Sternschnuppe mit einem Feuerstrahl am Heck. Im Glas konnten die Männer den Gegenstand sekundenlang verfolgen. Er erinnerte an eine silberne Havanna, hinten mit einer

Glutschicht, von der Funken sprühten. Niemand hatte eine Erklärung dafür.

»Ein Naturphänomen«, schätzte der II WO.

»Glaube ich nicht«, meinte Bender. »Kein Lichtreflex von Ionenmagnetismus et cetera. Das ist ein fliegender Gegenstand mit eigenem Antrieb.«

»Mit Rakete im Hintern«, murmelte der Graf.

Der Gegenstand flog in etwa tausend Meter Höhe weiter nach Norden und verschwand ziemlich genau in Richtung Pol, der hier auf 75 Grad Nord noch mindestens zweitausend Kilometer entfernt war.

Benders Boot war nicht das einzige, auf dem man das Ereignis beobachtet hatte. Kaum war das Schauspiel zu Ende, kam es in dem Geleitzug zu aufgeregtem Kapitänsfunk. Sie unterhielten sich sogar ungeniert über Sprechwelle. Fast alle hatten den Gegenstand beobachtet. Die einen hielten ihn für eine Granate, andere für eine Rakete. Die Meinungen gingen hin und her.

»Die Russen haben Raketen in ihren Stalin-Orgeln.«

»Aber die fliegen nicht so weit«, hieß es.

»Und Silvester ist auch vorbei.«

Zwar beruhigten sich die Kapitäne allmählich, doch begann jetzt die Funkerei über Mittelwelle. Sie meldeten ihre Beobachtung an ihre Basen nach London, Washington und Moskau.

Lange überlegte Bender, ob er es riskieren konnte, seine eigene Funkstille zu durchbrechen. Er formulierte schließlich eine Kurzmeldung und setzte sie bei der nächsten Kontaktzeit zur Hauptfunkstelle des BdU in Neustadt nahe Berlin ab.

Das Boot Bender hielt weiterhin Kontakt zu dem Geleitzug. Da die Entfernung für deutsche Luftwaffenbomber und Aufklärer vom Nordkap bis zum gegenwärtigen Standpunkt zu weit war, lag die Möglichkeit nahe, daß Dönitz andere U-Boote hier zusammenzog.

Der Geleitzug, der sich immer nach dem langsamsten Schiff richten mußte, lief sechs Knoten. So vermochte ihm Bender trotz Schraubenschadens einigermaßen zu folgen.

Bei den monotonen Wachstrops, wo kaum die Kimm auszumachen war und die Sonne manchmal nur wie ein gelber Lampion hinter den Wolken hing, war es schwer, Ausguck zu halten. Halluzinationen irritierten ständig. Bender verglich es mit einem Kamelritt in der Wüste, wenn es am Horizont zu einer Fata Morgana kam. Hier waren es Trugbilder im eisigen Nebel. Sie ergaben sich in allen Varianten, einmal wie eine anstürmende Elefantenherde, dann wie ein vielarmiger Riesenkrake. Nur eines tauchte nie aus dem Nebel auf: ein Bild seiner Heimat, der kleinen Stadt Unna in Westfalen. Um sich abzulenken, nutzte Bender die Zeit, zurückzudenken. Es war kein unangenehmes Gefühl, immerhin hatte er es zu etwas gebracht. Damals in Unna, in der Hinterhofwohnung in dem Arbeiterviertel, grau vom Kohlenstaub der Bergwerke, bestand sein einziger Luxus darin, daß er seinen Vornamen Curt nicht mit K, sondern mit C schrieb. Stundenlang, beinahe fluchtartig, ging er oft im Westen in den Villenvierteln spazieren. Dort wollte er auch einmal hin, in eines der schmucken Häuser der Reichen. Eines Nachmittags traf er seinen Mitschüler Hagemann.

»Was machst du denn hier?« fragte der lange Dürre mit dem nagelneuen Fahrrad.

»Meine Tante besuchen«, log Bender.

»Hat sie ein klein Häuschen hier?«

»Sehr klein«, sagte Bender.

»Die sind doch alle Millionäre in dieser Ecke.«

Daß er gelogen hatte, bedrückte Bender, und er kehrte rasch nach Hause zurück.

Stets wartete er ungeduldig auf die Sommerferien. Dann konnte er das traurige Arbeiterviertel, voll von dem Rüben- und Krautmief, für kurze Zeit verlassen. Er verbrachte die Sommerferien oft bei seiner Großmutter in einem Dorf bei Xanten, auf den Rhein zu. Die Oma ging ihrem Mann, der als Bader tätig war, oft zur Hand. Sie stach Furunkel oder hielt die Köpfe der Patienten, wenn der Großvater einen eitrigen Zahn zog. Bei Schützenfest oder Kirchweih bekam Curti von der Großmutter manchmal einen Groschen – sie sagte Nickel – für Eis. Das Eis war so gut und so schnell geschleckt, daß er dem Eismacher die Maschine drehte. Für eine halbe Stunde kurbeln gab es noch ein Waffelschiffchen mit Himbeer und Vanille.

In dieser wilden Zeit waren seine Knie meist aufgeschlagen. Auf die eitrigen Wunden kam dann Gutapercha, ein gelbes ölpapierartiges Material, das wohl mit Kautschuk getränkt war. Man verwendete es, damit der Verband nicht festklebte, und schmierte vorher schwarze Pechsalbe drauf. Mit den Jungen aus dem Dorf konnte Bender wenig anfangen. Ihre Schule war einklassig. Die meisten der Schüler konnten nicht richtig lesen und schreiben.

Doch eines Tages – welche Sensation – fuhr ein Zirkus ins Dorf. *Circus Bellomi* stand an dem Wohnwagen. Der Direktor hatte ungefähr zehn Kinder, mehr oder weniger, zwei Pferde und einen Hund. Mit dem jüngsten Bellomi freundete sich Bender an. Das war jetzt zwar fünfzehn Jahre her, eines aber wußte er noch genau: Der Junge trug einen ausgebleichten blauen Samtanzug mit kurzen Hosen und goldenen Tressen. Er hieß Domino. Domino hatte eine Schwester. Die hieß Allegra. Offenbar besaß sie keine Kleider und lief immer in einem verwaschenen, viel zu kleinen Badeanzug herum, der überall zwickte. Aber sie hatte wunderschöne italienische dunkle Augen. Allmählich waren die drei unzertrennlich. Bei der Großmutter holten sie sich immer Griebenschmalzbrote. Die vom Zirkus hatten ständig Hunger.

Eines Tages sagte Direktor Bellomi: »Komm doch zu uns, Junge. Wir machen einen Künstler aus dir.«

Das wollte Bender nicht unbedingt, aber er durfte bei der Vorstellung mitspielen. Domino ritt auf einem Pferd, vollführte dort ohne Sattel Handstand und Saltos. Bender warf ihm Bälle zu. In der Pause kassierte er ein paar Groschen in einem umgedrehten Hut.

Einmal versuchte es Bender auf einem Pferdehintern, aber gleich wußte er, daß er sich nichts aus Gäulen machte. Sie waren unberechenbar. Eine alte rostige Weckeruhr, die er mit Öl wieder zum Laufen brachte, war ihm lieber als ein junger Araber.

Nach der Pause führte Allegra ihre Bodenübungen vor, Spagat, Flic-Flac, mehrfacher Salto, was es alles so gab. Sie hatte einen Körper wie ein Gummiband. Bei ihren Übungen verrutschte oft der Träger des verwaschenen Baumwollbadeanzugs, und man konnte ihren kleinen Busen sehen.

Mit dem Großvater fuhr Bender oft über Land zu kranken Bauern. Bei den einem setzte der Großvater Blutegel an, den anderen verschrieb er harmloses Aspirin. Die meisten hatten Zahnschmerzen. Der Großvater mußte die Zähne ziehen oder bohren. Die ganz schwierigen Stockzähne nahm er in die Zange und drehte sie erst nach beiden Seiten im Zahnfleisch, ehe er sie herausriß. Da ging es oft laut zu. Zum Bohren verwendete der Großvater eine zerlegbare alte Maschine, die er in einem Kasten auf dem Fahrrad mitführte. Beim Bohren mußte Curt fleißig die Kurbel treten. Wenn der Zahn leergebohrt war, durfte er auch die Füllung anmachen, eine Art Zement mit silbrigem Pulver, Quecksilber. Amalgam hieß das Zeug, das der Großvater dann schnell in die Löcher spachtelte, ehe es hart wurde.

»Aber nicht mit Spucke anrühren, bittschön,« sagte der Großvater, »die ist septisch.«

»Was ist septisch, Großvater?«

»Voll Bazillen.«

Einmal, in einem kühlen Sommer, hielt sie ein Unwetter drei Tage lang auf. Es regnete ununterbrochen. Hochwasser. Die Wege waren nur noch Sümpfe, und die Bäche traten über die Ufer. Als sie endlich in das Dorf zurückkamen, war der *Circus Bellomi* fort. Das einzige, was Bender noch fand, war ein Kreis aus Sägemehl am Marktplatz. Damals hätte er fast geweint.

4

Mykonos

Der Fallwind, der von den Bergen kam, trug den Duft von Zitronen und Thymian aufs Meer hinaus. Man brauchte keinen Kompaß, um die Insel zu finden.

Im Leerlauf seiner Mercedes-Motoren glitt das deutsche Schnellboot nahezu lautlos durch die Mole in den Hafen von Mykonos. Im Scheinwerferlicht suchte sich der Kommandant zwischen den Fischkuttern ein Stück freie Pier und legte an.

»Festmachen – Maschinen aus.« Drei Mann in Stahlhelm und Maschinenpistole schickte er los. Den Weg zu der weißen Arkadenvilla hatte er ihnen genau beschrieben. »Droben, neben der Tempelruine.«

Nach etwa fünfundvierzig Minuten erfolgte eine Sprechfunkdurchsage: »Da hampeln ein paar Lustknaben rum, Herr Leutnant. Ziemlich besoffene Bande. Hat wohl Streit gegeben. Der Meister ist nicht da, zieht angeblich um die Häuser.«

Nun machte sich der Leutnant selbst auf den Weg. Schließlich fand er den gesuchten Dr. Fiedler in einer

Kneipe, umringt von Fischern, bedrängt von einem Gorilla mit Messer. Er holte Fiedler heraus und nahm ihn mit an Bord, wozu allerdings sanfter Nachdruck nötig war.

»Ihr Gepäck haben wir bereits geholt. Auch Ihre hübschen Goldmünzen, Herr Fiedler.«

Auf dem Weg und an Bord des Schnellbootes protestierte Fiedler zunächst gegen die Behandlung. »Ich bin kein Wehrmachtsangehöriger und unterstehe somit nicht Ihrer Befehlsgewalt«, wiederholte er ständig.

Der Leutnant zeigte ihm den schriftlichen Befehl des Oberkommandierenden von Griechenland. Stempel, Unterschrift, Wehrmachtsbriefbogen.

»Der ist aber nicht mein Oberkommandierender«, entgegnete Fiedler wütend. »Ich bin Wissenschaftler und Zivilangestellter einer Forschungsanstalt. Einen Eid habe ich nie auf irgend etwas geleistet, lediglich Verträge unterzeichnet. Wenn ich jetzt gehe, kann somit von Befehlsverweigerung keine Rede sein. Bringen Sie mich sofort zurück in mein Haus!«

»Bedaure, nach Athen muß ich Sie bringen, Herr Professor«, erklärte der Schnellbootkommandant ein wenig ironisch.

Fiedler drehte sich wortlos um, riß die Tür der kleinen Kommandantenkammer auf, schob den Posten beiseite und wollte hinaus. Da stand er einem Menschen in schwarzer SS-Uniform gegenüber, der beinahe das ganze Schott ausfüllte. Sein Gesicht wirkte wie glattgebügelt, die blasse Hautfarbe stand in gespenstischem Kontrast zur Uniform, seine Stimme schnarrte wie eine Fastnachtratsche.

»Das werden Sie schön bleiben lassen, Dr. Fiedler!«

Fiedler schien offenbar zu ahnen, worauf das alles hinauslief, und wollte unter allen Umständen von Bord. Es kam zu einem Handgemenge.

»Sie können mich hier nicht festhalten!« schrie er. »Aufgrund welcher Rechtslage denn?«

Zwei Matrosen hielten Fiedler fest, bis er sich beruhigt hatte.

»Fesseln?«

»Noch nicht.«

Der SS-Offizier, vermutlich Sturmbannführer, schickte alle Leute aus der Kommandantenkammer, setzte sich halb auf die Tischkante und drohte: »Wenn ich will, kann ich Sie sofort verhaften, Dr. Fiedler, und einsperren. Und zwar wegen Besitzes von Goldmünzen.«

»Ich bin Numismatiker«, konterte Fiedler.

»Numis – was? Hauptsächlich sind Sie wohl Besitzer von Gold, was Zivilpersonen verboten ist – und Homosexueller. Und wie, bitte schön, haben Sie denn Ihren Hauskauf finanziert? Mit Devisen?«

Da begehrte Fiedler auf: »Über so etwas spreche ich vielleicht mit Ihrem Chef, aber nicht mit kleinen Angestellten.« Er wagte es, obwohl er fürchtete, daß nach diesem SS-Schergen als nächster wohl nur noch der Henker kommen würde.

Verächtlich, mit eiskalter Stimme, versuchte der Sturmbannführer, ihn kleinzumachen. »Sie sind ein bekannter Schwuler, haben einen festen Freund für Ihre intimen Spielchen und verstoßen ständig gegen den Paragraphen 175. Darauf steht Zuchthaus. Wollen Sie etwa im KZ landen? Bitte – gern.«

Das traf Fiedler schwer. Allmählich gab er den Widerstand auf. Erst recht, als der SS-Offizier noch hinzufügte: »Oder wollen Sie riskieren, daß unsere Maßnahmen auf Ihren Freund Dirk Lohner übergreifen?«

Da konnte Dr. Fiedler nur noch fragen: »Was haben Sie mit mir vor?«

Der SS-Offizier steckte sich eine Zigarette an und ließ den Bootskommandanten wieder als Zeugen hereinkommen.

»Wir bringen Sie auf schnellstem Weg nach Athen.«

Fiedler wußte, daß die Fähre dazu vier Stunden brauchte. Ein Schnellboot war dreimal so flott wie die Fähre und schaffte es wohl in neunzig Minuten.

Der Sturmbannführer gab noch eine weitere Erklärung ab. »Am Flugplatz in Athen wartet eine Kuriermaschine und nimmt Sie mit nach Berlin. Von dort geht der Schub dann weiter.«

Fiedler, noch immer völlig ratlos, bekam nun einen letzten Schock versetzt.

»Dort, wo Sie arbeiten, Fiedler, ist eine absolute Katastrophe passiert. Einzelheiten sind mir unbekannt. Aber die Ursachen dafür – eventuell Sabotage – müssen schnellstens behoben und gegebenenfalls die Schuldigen gefunden werden. Ende der Durchsage.«

Der SS-Offizier verließ die Unterdeck-Kammer. Von oben her erschollen Kommandos und Geräusche, die auf das Ablegen des Schnellbootes schließen ließen. Leinen wurden eingeholt, die Kompressormotoren des Schnellbootes sprangen an. Das Boot schien zu wenden. Binnen kurzem hatte es die Hafenmole passiert. Seegang erfaßte es. Dem Lärm nach zu urteilen gingen die Schnellbootmotoren auf äußerste Kraft.

Dr. Fiedler blieb zunächst in der Kommandantenkammer eingesperrt, bekam aber Kaffee und Zigaretten. Doch sah er sich nicht in der Lage, irgend etwas zu sich zu nehmen. Ihm war mehr als kotzübel. Er war richtiggehend verzweifelt. So schnell konnte sich das Leben ändern. Von einer Stunde zur anderen, ja, sogar von einer Sekunde zur anderen.

Das Schnellboot lief Westkurs. Der Deckenkompaß zeigte 240 Grad an.

Berlin Tempelhof

Als einer der letzten Passagiere verließ ein braungebrannter Zivilist im sommerlichen Leinenanzug die Ju-52. Die Dreimotorige zeigte am Rumpf Schußlöcher. Über dem Mittelmeer hatte sie eine unangenehme Begegnung mit britischen Spitfire-Jägern gehabt, war aber letzten Endes durchgekommen, weil Me 109 auftauchten.

An der Gangway stand ein großer schwarzer Mercedes. Im Fond saß jemand, dessen Gesicht aber nicht zu erkennen war. Dr. Fiedler wurde aufgefordert, neben ihm Platz zu nehmen. Da sah und roch er es: Der Mann duftete nach Zigarren und trug eine Admiralsuniform. Obwohl sie sich nie begegnet waren, schien man sich zu kennen.

Der Marineoffizier stellte sich vor: »Ich bin Canaris, der Geheimdienstchef. Herr Dr. Fiedler?«

»Ja, bin ich.«

Der Mercedes fuhr an und Richtung Innenstadt. In jovialem Ton begann Canaris: »Sie sind mir sympathisch, ich bewundere Ihre Nerven. Mitten im Krieg machen Sie Urlaub auf Mykonos, einer griechischen Insel. Als sei der Frieden ausgebrochen, wirklich imponierend.«

»Sie sind mir auch sympathisch, Herr Admiral«, entgegnete Fiedler trocken.

»Jetzt erzählen Sie mal schön«, forderte Canaris ihn auf und steckte seine Zigarre noch einmal an.

Ruckartig hob Fiedler das Kinn. »Ist das ein Verhör? Wenn ja, dann sparen Sie sich die Mühe.«

Das hatte Canaris wohl erwartet und versuchte es von einer anderen Seite. »Warum hat man Sie von Ihrer Insel weggeholt?«

»Keine Ahnung, wirklich.«

»Was ist in Peenemünde passiert?« bohrte Canaris tiefer.

Schweigen.

»Können oder wollen Sie nicht, Fiedler?«

»Ich darf nicht.«

»Dritte Möglichkeit: Man baut dort doch Raketen.«

»Verdammt, ich weiß nicht, was passiert ist«, versuchte es Fiedler ärgerlich.

Auf die Frage des Geheimdienstchefs, woran er arbeite, äußerte Fiedler kein Wort. Der Admiral bedrängte ihn, schließlich redete sich Fiedler auf einen Führerbefehl hinaus.

Canaris, der alte Fuchs, warf ihm wieder einen Brocken hin. Mit leichter Ironie begann er zu erzählen: »Über dem Eismeer wurde ein fliegender Gegenstand mit Feuerstrahl Richtung Nordpol gesichtet. Ist Ihnen da vielleicht etwas abhanden gekommen?«

Fiedler erblaßte, blieb aber beharrlich stumm.

»Ein wildgewordener Füllfederhalter war das aber nicht.«

Endlich schien Canaris aufzugeben. »Ich mache ja nur meine Arbeit«, sagte er. »Mit mir hätten Sie es leichter gehabt.«

Noch verstand Fiedler diese Andeutung nicht. »Und ich mache auch meinen Job«, äußerte er.

Der hellhörige Canaris wiederholte erstaunt das Wort: »Job sagt man in Amerika und England für Arbeit. Wie kommen Sie auf ›Job‹?«

»Ich war nach meinem Studium vier Jahre lang in Irland bei der Irish Oil Company als Treibstoffphysiker tätig. Das ist ja wohl kein Geheimnis.«

»Na, schön«, bemerkte Canaris und deutete durch das Rückfenster nach hinten. »Sehen Sie den Horch mit der SS-Standarte?«

»Will der uns etwa von hinten rammen?«

»Da sind Gestapo-Leute drin«, sagte Canaris. »Die fahren immer so. Wenn Sie mir, Ihrem Geheimdienstchef, schon nichts erzählen – Kaltenbrunners Verhörexperten werden es schon aus Ihnen herauskitzeln. Soll ich halten lassen, daß man Sie auf der Straße verhaftet, oder bringe ich Sie zum Gestapo-Hauptquartier?«

»Dann bitte ich um letzteres«, erwiderte Fiedler gefaßt.

5

London

Durch den Nebel war der feine Duft des nassen Blattwerks am Hydepark zu riechen. Ein Wetter, das die Londoner liebten. Und so bekamen sie es auch in diesen Septembertagen.

Die Maßuniformen der hohen Offiziere wurden auf den wenigen Metern von ihren Rolls-Royce-Limousinen zum Hauptquartier durchnäßt.

Oben im edel mahagoniverschalten Lageraum begann ein Oberst teewach mit dem Vortrag: »Gentlemen. Vor kurzem wurde ein unbekanntes Flugobjekt von Eismeerkonvoi Q-22 beobachtet Es bewegte sich auf 20 Grad östlicher Länge, kam von Süden, und flog weiter Richtung Nordpol. Das Ereignis fand etwa auf 74 Grad Nord über der Barentssee statt.«

»Dabei handelt es sich doch wohl nicht um ein Weltraumfahrzeug vom Mars?« wurde mit leichtem Spott eingewendet.

Unbeirrt fuhr der Colonel fort: »Die Flugrichtung von Norwegen her rückwärts nach Deutschland verlängert, zeigt uns deutlich, wo das Objekt herkam. So ist anzunehmen, daß es sich um eine neue deutsche Geheimwaffe handelt. Entweder um ein Flugzeug oder eine Art Rakete. Jedenfalls ritt das Objekt auf einem Feuerstrahl.«

Einer der anwesenden Air-Force-Offiziere kommentierte: »Die Germans sind uns bekanntlich in der Technik um zehn Jahre voraus. Also müssen wir das Objekt oder das Wrack des unbekannten Objektes unbedingt finden. Es müßte in der Nähe des Pols aufgekommen sein, denn daß es weiter um den Globus herumfliegt, ist nicht anzunehmen.«

Den Anwesenden war klar, daß es sich dabei um absolute Neuentwicklungen handelte. Das Ding mußte also, und sei es als kaputter Blechhaufen, dringend gefunden und geborgen werden.

Ein Luftwaffengeneral wurde konkret. »Wir werden einen Fernbomber hinaufschicken zwecks Rekognoszierung.«

»Haben wir da was Passendes verfügbar?«

Ein Generalstabsoffizier der Air Force suchte in seinen Notizen: »Auf Island mußte eine viermotorige Sterling wegen Benzinmangels herunter. Notlandung. Die Maschine ist voll einsatzklar. Mit den nötigen Zusatztanks statt der Bomben käme sie 6000 Kilometer weit, also mühelos zum Pol und zurück«

»Taugt die Besatzung was?« wandte jemand aus der Runde ein.

Die etwas empört forsche Entgegnung lautete: »Gentlemen, abgesehen davon, daß alle unsere Besatzungen etwas taugen, fliegen diese Sterling der bekannte Wing-Commander Simmson und seine Crew.

Diese Leute haben erfolgreich deutsche Schlachtschiffe im Bergen-Fjord angegriffen.«

»Pardon, war ja nur so hingefragt.«

Der Oberkommandierende wandte sich an seinen Adjutanten. »Lassen Sie die Befehle ausfertigen.«

Vorerst war die Luftaufklärung durch die schlechte Wetterlage praktisch ausgeschaltet. Der Vorschlag, von den Orkneys aus einen Flugzeugträger nach Norden zu schicken, um dort einen Aufklärer zu starten, wurde von der Admiralität abgelehnt. Eine solche Verlegung kostete zuviel Zeit und Logistik. Funksprüche liefen hin und her, aber letzten Endes sah es so aus, daß um Island und nördlich von Island riesige Nebelfelder lagen und die Wetterbedingungen ungewöhnlich schlecht waren. Trotzdem ergriff Oberst Hudson von der Royal-Navy-Basis in Reykjavik Eigeninitiative. Er ließ den Sterling-Bomber klarmachen und besprach sich mit der Besatzung des Major Simmson.

»Als erfahrene Seeflieger starten Sie doch bei jeder Wetterlage.«

»Bei einer gewissen Aussicht auf Erfolg sogar in schietedickem Nebel, Sir. Geringe Sicht fordert zwar ausgezeichnete Navigation. Darin sind wir geübt. Worauf warten wir also noch?«

»Auf den Befehl aus London.«

Der Startbefehl traf von der Air-Force-Funkstelle ein. Eisiger Wind, durchsetzt mit Schneekristallen, fegte über Reykjavik. Die sieben Mann Besatzung an Bord der Sterling trugen schaffellgefüttertes Polarlederzeug. Die nötigen Karten lagen bereit, sämtliche Systeme wurden noch einmal gecheckt Um 08 Uhr 15 ließ Major Simmson die vier Bristol-Herkules-Doppelsternmotoren warmlaufen. Pünktlich zur vorgegebenen Zeit startete die dreißig Tonnen schwere Sterling in einer Schneewolke. Draußen auf See nahm sie Kurs Nord. Die Navigation war nur nach Koppelung möglich. Sie machten es nach dem altbewährten Marinesystem – Zeit mal Geschwindigkeit minus Gegenwind ab dem zuletzt gesichteten isländischen Kap. Draußen auf See hatten sie zunächst fast klare, handige Sicht. Doch das änderte sich schnell. Tiefhängende Wolken, pottendicker Nebel führten zu übelsten Flugbedingungen. Sie gingen so tief hinunter, daß sie fast das Wasser streiften. Das war nötig, damit der Navigator die Abdriftmessung für den Kurs erkennen konnte, in welche Richtung die See lief und in welcher Stärke der Wind wehte. Um sich eine Atempause zu gönnen, stieg der Pilot später auf tausend Meter Höhe, wo sie strahlender Sonnenschein umfing. Doch gegen Mittag gerieten sie auch hier in graue Watte.

Nach Stunden erkannten sie in Wolkenlöchern eine Insel – das mußte Spitzbergen sein – und ein paar Fischereifahrzeuge, klein wie Spielzeug. Immer wieder setzten sie Funksprüche mit ihrem Standort ab. Dies auch noch nördlich von Franz-Josef-Land, als sie das Schelfeis erreichten. Doch von der Polareiskappe ab blieben sämtliche Funkmeldungen aus. Nur eine Grönland-Station hatte verstümmelte Notrufe aufgefangen, wo von Vereisung die Rede war.

Da in den nächsten vierundzwanzig Stunden keine Meldung mehr erfolgte und die Frequenz der Sterling tot blieb, mußte das Oberkommando in London befürchten, daß ihr Bomber sein Ziel nicht erreicht hatte. Das Flugzeug kam auf die Liste der vermißten Maschinen.

Die Verantwortlichen im Kriegsministerium traf das um so mehr, als man Geheimdienstmeldungen vorliegen hatte, wonach die Deutschen an Flugzeugen ohne Propellerantrieb arbeiteten, an sogenannten Düsenmotoren. Dabei handelte es sich um turbinenartigen Rückstoßantrieb. Angeblich wollten sie damit einen Bomber bauen, der New York erreichen konnte.

6

Berlin Gestapo-Hauptquartier

Gestapo-Chef Kaltenbrunner, ein untersetzter talgiger Typ, der schneidig und drahtig wirken wollte, verhielt sich zunächst freundlich. Er fläzte in seinem wuchtigen Schreibtischstuhl, hob die flache Hand und sagte: »Ich weiß, ich weiß, Doktor. Sie sind zum Schweigen verpflichtet, aber wir haben die Verpflichtung, rätselhafte Vorgänge aufzuklären. Wir wissen, daß Sie in Peenemünde Raketen bauen. Mit einer davon muß es beim Start Schwierigkeiten gegeben haben. Deswegen holte man Sie per Eilpost von Griechenland.« Plötzlich und unerwartet verschärfte sich Kaltenbrunners Stimme. »Und jetzt, verdammt nochmal, möchte ich endlich die Wahrheit wissen: Wer hat hier sabotiert? Kommen Sie mir endlich mit Tatsachen rüber, oder ich muß Sie einen schwulen Spion nennen.«

»Ich bin Triebwerkkonstrukteur«, erwiderte Fiedler beherrscht.

Kaltenbrunner wurde eine Spur heftiger. »Aber Sie pflegen Umgang mit Kriminellen, haben ein sexuelles

Verhältnis mit einem Mann, besitzen Goldmünzen, ein Haus in Griechenland. Damit machen Sie sich mehrerer Verbrechen schuldig.«

»Das müssen Sie mir erst nachweisen«, entgegnete Fiedler bockig.

Kaltenbrunner suchte eine Akte auf dem Schreibtisch und zeigte Fiedler zunächst eine Fotografie. Darauf war er mit einem jungen blonden Mann in Soldatenuniform zu sehen, wie sie sich küßten. »Hat's geschmeckt?«

Die Deutlichkeit zeigte keinerlei Wirkung.

»Das ist der Gefreite Dirk Lohner, Ihr ... hm ... Geliebter.«

Fiedler reagierte wie gelähmt, bis ihm Kaltenbrunner einen Brief zeigte. Es war Fiedlers Handschrift – ein Brief an Dirk

»Woher haben Sie den?« brauste er auf.

»Wie erwarben Sie Ihre Villa in Mykonos?«

»Mit Devisen bezahlt.«

»Welche?«

»Sterling.«

»Woher haben Sie diese?«

»Nach meinem Studium«, eröffnete ihm Dr. Fiedler, nun wieder gefaßt, »arbeitete ich bei einer irischen Mineralölfirma, bei IPC, als Treibstoffphysiker. Mein ganzes Gehalt in Höhe von 900 britischen Pfund monatlich sparte ich und kaufte damit in Mykonos das Haus. Und jetzt, zum Teufel, möchte ich wissen, was Sie das angeht und wie Sie an meinen Brief kommen.

Zynisch antwortete Kaltenbrunner: »Der Gefreite Lohner kann von Glück reden, daß er in ein Strafbataillon kam und nicht erschossen wurde.«

Fiedler reagierte mit einem bitteren Lachen. »Eine Kugel kann in Sekunden einen Menschen töten, aber bis Sie einen Spezialisten wie Dirk Lohner, der als gelernter Uhrmacher Fachmann für alle Arten von Zündern und Chronometern ist, bis Sie den ausbilden, dazu brauchen Sie zwanzig Jahre. Wenn Sie ihn erschossen hätten, wäre eher wohl das ein Kriegsverbrechen zu nennen gewesen. Und woher, zum Teufel, haben Sie dieses angebliche Beweismaterial?«

Daraufhin schockte Kaltenbrunner den Wissenschaftler. »Sicher haben Sie von dem Unternehmen Zitadelle gehört, der größten Panzerschlacht aller Zeiten. Nahe Kursk erwischte Lohner ein Granatsplitter im Oberschenkel. Sein Lazarettzug Richtung Hannover wurde von britischen Jagdbombern angegriffen. Dabei kam er ums Leben. Er war ziemlich unkenntlich, man konnte der Leiche aber noch die Erkennungsmarke abnehmen und identifizierte sein Gepäck.«

Da Dr. Fiedler auf alle weiteren Fragen schwieg, befahl Kaltenbrunner, ihn in eine Zelle im Keller zu bringen und einer Sonderbehandlung zu unterziehen. Was das bedeutete, war Fiedler bekannt.

Sie fesselten ihn mit Handschellen.

Doch in der Minute, als sie dabei waren, ihn abzuführen, kam Lärm aus den Vorzimmern. Ein Zivilist verschaffte sich wütend Zugang in Kaltenbrunners Büro. Er war groß gewachsen, trug einen knöchellangen schwarzen Ledermantel und stellte sich als Baron Dr. von Halstenberg vor. Er sei Direktor in Peenemünde und Fiedlers oberster Vorgesetzter.

»Lassen Sie Ihre Finger von diesem Mann!« forderte er. »Berühren Sie ihn nicht. Er ist der beste Triebwerkkonstrukteur der Welt. Ohne ihn keine Vergeltungswaffen, ohne V-Waffen kein Endsieg. Wer ist hier nun der Saboteur, meine Herren, Dr. Fiedler oder Sie, Herr Obersturmbannführer Kaltenbrunner oder was für eine Figur Sie hier darstellen?«

Kaltenbrunner war noch immer nicht bereit, seinen Gefangenen freizugeben.

Da legte ihm der Baron ein Papier vor. »Ein Entlassungsbefehl – mit sofortiger Wirkung zu befolgen.«

Der Gestapo-Chef las ihn gar nicht, sondern fegte ihn vom Schreibtisch. »Interessiert mich nicht. Sowas kann jeder ausstellen.«

»Vielleicht prüfen Sie einmal die Unterschrift«, riet ihm der Baron.

Als Kaltenbrunner dies unwillig tat, fiel ihm beinahe der Unterkiefer zum Krawattenknoten. »Vom Führer persönlich«, stotterte er.

»Und das ist ja wohl nicht jeder«, ergänzte der Baron.

Als der Direktor neben Fiedler im Wagen nach Peenemünde saß, fragte Fiedler: »Was ist nun wirklich passiert?«

Leise, damit der Fahrer nichts hören konnte, sagte sein Chef: »Eine voll betankte V-II ist uns nach dem Start Richtung Nordpol entkommen.«

»War Notsprengung nicht möglich?«

»Der Funkbefehl versagte wegen des starken Nordlichtmagnetismus.«

Da konnte Fiedler nur noch drei Worte äußern: »Ach, du Scheiße.«

Nach dem nervenkostenden Verhör bei der Gestapo, von dem der Baron Fiedler befreit hatte, fuhr der große Mercedes-Dienstwagen der Raketenversuchsanstalt Peenemüde Richtung Norden durch Berlin. Beide waren sie erleichtert.

»Das war riskant«, sagte Fiedler.

»Für Sie tue ich doch alles.«

Verständniseinig blickten sie sich an, und Fiedler sagte etwas, womit der Baron nicht gerechnet hatte. »Jetzt hätte ich Hunger.«

»Darf ich Sie zu Horcher einladen?« fragte der Chef.

»Horcher – nie davon gehört.«

»Gleich um die Ecke«, sagte der Baron. »Die haben die beste Küche der Stadt. Bei Horcher gibt es absolut noch alles. Hammel von deutschen Weiden ...«

»Auch Enten von deutschen Eiern?«

»Und jede Menge Nazibonzen«, ergänzte der Baron.

»Für die wird der Laden ja wohl so gut versorgt.«

»Täglich kommen Lastwagen aus Frankreich, aus Skandinavien, aus Italien. Bei Horcher können Sie jeden Abend alle die Burschen sitzen sehen mit ihren Weibern: die Minister Göbbels, Schley, Göring, die Generäle mit den roten Streifen und natürlich die in der schwarzen Uniform. Sagen wir mal vom Obersturmbannführer aufwärts. Und alle Filmstars.«

Nach längerer Pause sagte Fiedler: »Da würde ich nicht mal Erbsensuppe runterbringen.«

»Rühmann sieht man auch oft dort.«

»Auch Hertha Feiler? Die mag ich besonders gern. Was findet die bloß an diesem Giftzwerg Rühmann?«

»Er kann fliegen«, sagte der Baron.

»Und ich kann Physik.«

»Aber weiß das die Dame?«

»Dann doch lieber gleich nach Peenemünde«, schlug Fiedler vor.

Während der hundertdreißig Kilometer bis Rostock redeten sie wenig.

7

Moskau

Die Männer waren gesetzten Alters. Sie trugen graue Litevka, die bis oben geschlossene russische Armee-Uniformjacke, und redeten sich mit Genosse an.

Nach dem Rückzug der deutschen Truppen tagte das sowjetische Oberkommando wieder im Kreml. Bei den Anwesenden handelte es sich um die Exekutive des Politbüros: Marschälle der Sowjetunion, den Chef des Geheimdienstes und den Generalsekretär. Wie immer ließ der Generalsekretär erst die Verantwortlichen den Lagebericht erstatten. Es sah nicht schlecht aus an den Fronten, aber auch nicht gut. Sie hatten die deutschen Armeen zum Laufen gebracht, aber der Feind sammelte sich wieder zu fürchterlichen Gegenschlägen. Und täglich kam es zu neuen Schwierigkeiten – so wie in diesem Fall. Der Leiter der Feindaufklärung, ein Mann mit großporigem Trinkergesicht, begann leise: »Wir sind in schwerer Sorge, Genossen. Offenbar haben wir eine neue deutsche Geheimwaffe gesichtet, konnten ihrer aber nicht habhaft werden.«

»Unsere Truppen schlagen die Deutschen, knüppeln sie langsam aus dem Land«, wurde eingeworfen.

Der Direktor der Feindaufklärung hob warnend die Hand und äußerte seine Bedenken. Aber dafür war er bekannt. »Und was ist, wenn die Deutschen eine neue Bombe haben? Ein neues Flugzeug?«

»Sie sehen da wieder einmal schwarz, Genosse.«

»Auch unsere Alliierten in London und Washington beginnen, nach dem möglichen Wrack zu suchen. Erst, wenn man es findet, weiß man Genaueres.«

»Wo soll es denn abgekommen sein?« fragte der Stabschef und strich seinen schwarzen georgischen Schnurrbart.

»Richtung Nordpol.«

»Und was tun wir, Genossen?«

Der Marschall, der für Rüstung und Versorgung zuständig war, stützte sich auf den schweren Kartentisch. Seine Stimme war belegt. Er hustete sich den Hals frei. »Was können wir schon tun? Wir haben kein passendes Flugzeug zur Verfügung, eine Hundeschlittenexpedition können wir nicht ausrüsten. Während des Hungerjahres im letzten Winter wurden alle Hunde aufgefressen.

»In Leningrad sogar die Ratten.«

Der Staatschef schimpfte leise vor sich hin. »Hat denn keiner von euch erleuchteten Geistern eine Idee?«

»Doch! Der Professor Lewoschkin«, äußerte ein Fliegergeneral.

»Der Flugzeugkonstrukteur?«

»Einzelheiten bitte.«

»Er möchte Pontons benutzen, diese flachen Boote aus Eisen, die man zum Brückenbau verwendet. Die will er mit einem Motor ausrüsten, und zwar will er sie antreiben lassen vom Propeller eines Flugzeugs, das auf dem Ponton installiert wird.«

»Genial«, stotterte einer der Anwesenden abfällig. »Und wann kann man damit rechnen? In diesem Jahrhundert noch?«

Der Geheimdienstchef steuerte auch etwas bei. »Wie es heißt, basteln sie schon daran.«

Voller Bedenken fragte der Generalsekretär: »Und wie weit ist es vom letzten Stück Festland bis zum Pol oder zu der Stelle, wo die deutsche Waffe heruntergekommen sein soll?«

Ein Stabsoffizier deutete auf die Karte. »Die Inselgruppe Sewernaja Semlja liegt etwa 600 Kilometer südlich vom Pol entfernt. Von da müßte es zu schaffen sein.«

»Es ist auch zu schaffen. Bei entsprechendem Einsatz.«

Ein Sonderbefehl wurde erlassen und diktiert. Höchste Dringlichkeitsstufe.

»Geben Sie diesem Lewoschkin und seinen Leuten alles, was sie brauchen«, entschied Stalin.

Die Häfen waren auch fünfhundert Kilometer östlich von Murmansk jetzt eisfrei, nur das Land am Südkap der sichelförmig geschwungenen Insel war schneebedeckt. Lewoschkin, mit allen Vollmachten ausgestattet, hatte Helfer beim vierten sibirischen Pionierbataillon organisiert. Es nannte sich Bataillon roter Schnee.

Sie hatten drei ihrer großen Brückenbaupontons auf Ford-Lastwagen mitgebracht. Blecherne Boote mit flachem Boden – elf Meter lang, vier Meter breit –, die man auch als Schlitten über den Schnee bewegen konnte. Inzwischen hatte Lewoschkin in einem Depot der Roten Luftwaffe drei flugfähige LA-5-Jäger aufgetrieben und von tüchtigen Piloten an die Kara-See-Küste fliegen lassen. Er selbst hatte diesen Jäger konstruiert und kannte ihn in- und auswendig. So ließ er die nur sieben Meter langen Maschinen jeweils auf einen Ponton setzen und dort ausreichend mit Fahrwerk und Hecksporn befestigen. Die Tragflächen wurden bis zu den Benzintanks abgeschnitten. Schon Tage später kam es zu den ersten Versuchen. Ein Schwetsow-Sternmotor sprang fauchend an. Der Pilot in der Kanzel gab Gas, doch der Ponton rührte sich nicht.

Der Flugzeugkonstrukteur hatte eine Erklärung dafür. »Dieses Flugzeug«, sagte er, »ist sogar schneller als die deutsche Messerschmitt 109. Es hat 1600 PS. Daß sich nichts rührt, liegt wohl daran, daß der Ponton auf dem Eis festgefroren ist.«

Sie lockerten ihn mit Brechstangen, und der Pilot gab erneut Vollgas. Die ganze Konstruktion erzitterte, aber dann zog die dreiflügelige Luftschraube den Ponton langsam, aber zügig an. Die Geschwindigkeit nahm zu.

»Und wie wird das Ding gelenkt, Herr Professor?« fragte einer der Pionier-Offiziere.

»Mit dem Seitenleitwerk. Das ist ja noch dran. Wir haben nur das Höhenleitwerk abgeschnitten.«

»Und wie bremst man?« wollte einer wissen.

»Mit Bootshaken oder ...«

»Das machen wir mit den Absätzen«, meinte einer der Pioniere, »wie beim Schlittenfahren.«

»Nein, durch Blattverstellung am Propeller«, erklärte Lewoschkin.

Nach tagelangen Versuchen stellte es sich heraus, daß die Konstruktion zwar primitiv, aber durchaus tauglich war. Gezogen von dem Flugzeugmotor, glitt der Ponton über das Eis wie ein Schlitten und ging auch im Wasser nicht unter, weil ihm ja eine Bootskonstruktion zugrunde lag. Zu jedem Ponton ordnete Lewoschkin einen Mechaniker ab, der sich mit der Bedienung auskannte. Dann, eines Abends, meldete er per Telegramm nach Moskau das Kommando für einsatzfähig. Die nötigen Männer – alles Freiwillige – bekamen Polarausrüstung und wurden eingeteilt, die Motorschlitten mit Treibstoff und Proviant versehen.

Zum Schluß gab ihnen Lewoschkin, der selbst schon Nordpolflüge durchgeführt hatte, etwas mit auf den Weg, das nicht sehr tröstlich klang: »Ihr müßt jede Sekunde aufpassen, Genossen. Das ist eine Reise in die weiße Hölle. Selbst Eisbären, die sich in dieses Gebiet begeben, machen vorher ihr Testament.«

8

60 Grad Ost, 82 Grad Nord

Mit seinem achtzig Meter langen Typ XXI-Boot fuhr Korvettenkapitän Bender nach wie vor Patrouille. In der westlichen Kara-See, nahe dem Hafen von Krasino, beobachtete er das Auslaufen sowjetischer Zerstörer. Es waren alte Zossen der sibirischen Flotte, die noch mit Kohle befeuert wurden. Ihr schwarzer Rauch war bei klarer Nordmeersicht meilenweit zu erkennen. Er folgte den Zerstörern einige Zeit mit Kurs Franz-Josef-Land. Sie waren schneller als sein beschädigtes Boot, beobachten konnte er jedoch, daß sie achtern an Deck merkwürdige Gegenstände transportierten. Und zwar Pionier-Pontons, vermutlich aus Eisenblech, und hinten am Heck einen Rata-Jäger, praktisch ein komplettes Jagdflugzeug mit Motor und Propeller montiert.

Seinen technischen Experten, den Leitenden Sax, ließ Bender ans Sehrohr und fragte ihn dann: »Wofür halten Sie das, Sax?«

Der Leitende zog sich am Ohrläppchen, ehe er mit

seiner Meinung herausrückte. »Sieht aus wie propellergetriebene Motorschlitten.«

»Nicht für Mondscheinfahrten, oder?«

»... mit denen die Russen den Nordpol erreichen wollen.«

»Den Nordpol und eine Spur des Flugobjekts«, ergänzte der I WO.

Der Leitende setzte sich auf das Rohrgeschlängel in der Zentrale und meinte kopfschüttelnd: »Dem Iwan traue ich das zu.«

»Bei den Russen ist doch alles irgendwie grob zusammengenagelt.«

»Aber es funktioniert meistens einfach genial.«

»Klar ist, daß sie sich mächtig beeilen«, ergänzte Bender.

Er hatte mehrmals Gelegenheit gehabt, Frachter oder auch Kriegsschiffe der Roten Flotte zu versenken, befolgte jedoch den Nichtangriffsbefehl. Das schmerzte ihn bis tief in sein Inneres. Er selbst hatte sich schon in frühester Kindheit immer auf Erfolg getrimmt. Während seines ganzen Lebens wollte er nach oben. Karriere machen, mit Ellbogen, ganz eiskalt. Durch Versenkung von 180000 Tonnen Handelsschiffraum im Atlantik hatte er das Ritterkreuz erhalten. Ziemlich viel für den Sohn bettelarmer Leute, doch nicht genug für einen, der immer jede Chance nützte. Schon in seiner Jugend hatte er immer versucht, aus dem Milieu herauszukommen. Hatte schon als Halbwüchsiger gearbeitet, Kohle geschleppt, Kartoffeln aus Waggons in Säcke eingefüllt und transportiert. Entsprechend gut waren auch seine Leistungen in der Schule. Bender, immer einer der Besten. Aber seine Eltern hatten kein Geld gehabt fürs Gymnasium, das damals zwanzig Mark im Monat kostete. Also machte er eine Schlosserlehre und nebenbei das Abendabitur beim NS-Bildungswerk. Dann kam die Aufrüstung, und er sah eine Möglichkeit, bei der Marine als Offizier aufzusteigen. In seiner Mischung aus Techniker und exzellentem U-Boot-Mann wurde er einer der erfolgreichsten Kommandanten, später, 1942, sogar Navigations- und Taktiklehrer auf der U-Boot-Schule in Flensburg.

Dabei hatte er ständig seinen Traum verfolgt, den Traum von einem neuen, umwälzenden U-Boot-Typ. Er hatte ihn entworfen und seinen Bau gefördert, stets versehen mit dem Hinweis, die jetzigen Kampfboote vom Typ VII-C seien im Grunde genommen schlechter als die Boot zu Ende des Ersten Weltkriegs, die Erfolge von Prien und Lützow direkt ein Wunder. Bender hatte sich sogar mit einer automatischen Ladevorrichtung für Torpedos befaßt, denn bisher dauerte es immer noch eine halbe Stunde, bis die Rohre nachgeladen waren. Das hatte zu Kampfunterlegenheit sowie zum Verlust von Booten geführt.

Nahe der Insel Sewernaja Semlja verringerten die Zerstörer ihre Geschwindigkeit, so daß Bender sie einholen konnte. Er beobachtete, wie die Zerstörer die Motorschlitten wie Beiboote zu Wasser ließen und diese sich mit eigener Kraft auf eine vereiste Bucht zu bewegten. Bender fuhr einige Tage in Küstennähe auf und ab und war sicher, daß sich die drei Motorschlitten in Richtung Nordpol bewegten – zweifellos eine russische Erkundungsexpedition.

»Da möchte ich nicht unbedingt dabei sein«, meinte der Obersteuermann fröstelnd. »Die haben sauschwierige sechshundert Kilometer vor sich. Treibende Eisplatten, teilweise offenes Meer, Geröllgletscher.«

Bald gerieten die Motorschlitten im Eis außer Sicht. Bender wechselte den Kurs erst südlich, dann wieder nach Westen. Hier oben kam es kaum zu Begegnungen mit dem Gegner. Sie fuhren auch bei Tag aufgetaucht. Eines morgens meldete der Ausguck im Norden eine weiße, zerklüftete Mauer, etwa zwanzig Meter hoch.

»Die Poleiskante.«

»Das Schelfeis, fast eine Art schwimmender Kontinent«, meinte Moser. »War schon mal in der Nähe.«

Schaudernd bemerkte der I WO: »Darunter muß es ziemlich fürchterlich sein. Dunkel, meterdicke Eisdecke über einem, das Meer darunter tausend Meter tief, ohne Luftlöcher. Das ist wie eine Reise in den Tod. Selbst für Wale.«

»Lieber vornehm absaufen«, ergänzte der II WO.

»Einer hat es mal versucht«, erinnerte sich Bender. »Korvettenkapitän Lützow mit seinem U-136 auf der Flucht vor der halben britischen Flotte. Er fand sogar den Weg zurück. War eben ein super Navigator, der Mann.«

»Ist das der mit dem Ritterkreuz am Hals der Whiskyflasche?«

Bender nickte. »Erzählt man sich.« Trotzdem bekam er eine Gänsehaut, wenn er an Lützows Bericht dachte.

»Lützow verlor sein Boot vor der südamerikanischen Küste«, fiel dem Obersteuermann ein. »Jetzt schmachtet er mit seiner Besatzung im Internierungslager in Chile. Auch kein Paradies.«

»Es mag ihm in Chile ergehen wie auch immer, aber schlimmer als da droben unter dem Eis kann es nicht sein«, äußerte Vonschein.

Nichts auf der Welt würde mich dorthin bringen, dachte Bender, denn das ist Selbstmord zu tausend Prozent.

Täglich meldete er Wetter sowie die neuesten Beobachtungen über Funk an den BdU, und von dort kam monoton der Befehl, weiter auf Position zu bleiben.

Der spindelförmige geschweißte Stahlkörper des U-Boots schnitt sich durch das nördliche Eismeer, durch die Kara-See, durch die Barentssee. Nahe der Graham-Belt-Inseln auf 70 Ost und 80 Nord erreichte das Boot ein langer Funkspruch des Befehlshabers. Er wurde per Codebuch und Enigma entschlüsselt und Korvettenkapitän Bender vorgelegt.

Der überflog ihn und teilte seinen Offizieren den Inhalt mit. »Wir werden eine Kehrtwendung veranstalten. Erst mal Kurs West, dann ab Höhe Spitzbergen Kurs Süd. Keines unserer Boote hat Gegnerkontakt. Wir müssen also unbedingt einen Geleitzug ausfindig machen. Das bedeutet Überwachung des Seebereichs zwischen Island und Grönland, dann weiter durch die Grönlandstraße bis Neufundland und Halifax querab. Angeblich werden in Kanada zwei große Geleitzüge zusammengestellt. Sie stehen kurz vor dem Auslaufen oder sind schon in See. Genauer Kurs und jeweiliger Standort ist zu ermitteln.« Bender schloß seinen Vortrag mit den Worten: »Schön, tun wir dem BdU den Gefallen.«

Dabei mußte er an der Rat seiner Großmutter denken, eigentlich den einzigen, den sie ihm hinterlassen hatte. Immer hatte sie ihn gewarnt, mit ihren zittrigen Worten. Was hatte sie gesagt? »Tu nie Gutes, Junge, es könnte böse enden.«

Und recht hatte sie gehabt. Einmal trug er einem alten Mann einen schweren Radioapparat von der Straße in seine Wohnung im dritten Stock. Er wußte noch genau, das Holz war kirschbaumrot und poliert, der Stoff vor dem Lautsprecher mit goldglänzenden Messingstäben eingerahmt. Ein Radio der Marke Owin, Typ Super-Het. Bedauerlicherweise war das Radio gestohlen gewesen. Der alte Mann wurde verhaftet und er selbst als Mittäter angeklagt. Doch der Staatsanwalt ließ die Anklage gnädig fallen.

»Tu nie Gutes, Junge, es könnte böse enden«, murmelte er vor sich hin.

»Haben Sie etwas gesagt, Herr Kapitän?« fragte der I WO, neben ihm das Rührei gabelnd.

Bender schüttelte nur den Kopf.

Der Mann am Ruder meldete von oben: »Zwohundertfünfzig Grad liegen an.«

Es würde ein monotoner Törn werden. Tausend Meilen mit einem Boot, das gerade mal zehn Meilen lief und sich bei zwölf Meilen schon durchschüttelte wie ein nasser Hund. Bender übergab dem II WO die Wache und legte sich in seiner schmalen Kammer aufs Ohr.

»Bei der geringsten Sichtung, Schiff oder Flugzeug, sofort tauchen«, befahl er noch.

9

Unna

Nach der Grundschule in Unna, nach der vierten Klasse, wechselten die einigermaßen begabten Schüler auf das Gymnasium. Viele waren wenig begabt, aber ihre wohlhabenden Eltern glaubten, sie seien intelligent. Die Gebühren bezahlten sie meistens aus der Westentasche.

Benders Eltern – sein Vater arbeitete untertage im Bergwerk, bis man ihm eine Staublunge diagnostizierte – konnten sich das nicht leisten. Schulgelder, Bücher und so weiter – unmöglich. Also machte sich Bender auf und suchte sich eine Lehrstelle als Mechaniker. Bei den renommierten Automarken, bei Mercedes oder Opel oder Ford, nahmen sie ihn nicht ohne Lehrgeld. Also lernte er das Handwerk in einer Klitsche. Dort reparierte er alles von Fahrrädern bis zu Lastwagen, Motorrädern, Autos jeden Alters. Einmal, es war im Winter, kalt, windig, Regen mit Schnee durchsetzt, ging er abends nach Hause und sah im müden Licht einer Gaslaterne am Straßenrand eine lange Gestalt über ein Zweirad gebeugt. Er erkannte seinen ehemaligen Mitschüler, den langen Hagemann, mit einem 100er Sachs-Motorrad. Es lief nicht mehr.

»Immer, wenn du in der Scheiße steckst, läßt dich was im Stich«, schimpfte Hagemann.

»Wieso bist du in der Scheiße?«

»Das Motorrad ist hin und in Latein eine Fünf.«

»Das kriegen wir schon«, sagte Bender.

Long John, wie sie Hagemann nannten, war immer anständig und fair zu Bender gewesen. Er hatte ihn nie aufgezogen, weil er nicht standesgemäß gekleidet war, wenn seine kurzen Hosen zu lang oder seine langen Hosen zu kurz waren. Deshalb mochte Bender ihn.

Trotz Nässe und klammer Finger half er ihm. Er reinigte den Vergaser des Sachs-Motörchens und die Zündkerzen. Das Ding lief wieder, Long John konnte nach Hause fahren. Dafür lud ihn Hagemann zu seinem Geburtstag in die Direktorenvilla ein. Es gab Torten – Schokolade, Nuß und Schwarzwälder Kirsch –, jede Menge Kakao und Musik von Schallplatten, die neuesten Schlager. Es waren auch die neuesten Mädchen dabei.

Sofort verguckte sich Bender in eine kesse Blondine, die das Wort führte und ein wahnsinniges, kurzes Röckchen trug. Bender verknallte sich regelrecht in sie.

Hagemann merkte das und gab ihm einen Rat: »Finger weg von dieser Marion König. Stürz dich nicht ins Unglück. Die will nur Rockefeller oder Weltmeister.«

»Ich werde Weltmeister«, hatte Bender damals gesagt.

»Übrigens, meine Mutter hat geschimpft. Den Bender laden wir nicht mehr ein, der hat mit deinem Luftgewehr Bolzen in die Sahnetorte geschossen.«

»Hat so schön gepatscht«, sagte Bender.

Wenn er abends von der Arbeit kam, saß Marion König oft mit ihrer dunkelhaarigen Freundin Miriam in der Eisdiele am Markt. Manchmal war Hagemann dabei, der Miriam poussierte. Einmal gab sich Bender einen Ruck, fragte, ob Marion vielleicht mit ihm ins Kino ginge. In den neuen Heesters-Film!

Sie schaute ihn mit ihren strahlend blauen Augen mißbilligend von unten an. »Ich sitze nur Loge. Kannst du überhaupt erste Reihe Rasierplatz bezahlen?«

Sie ließ ihn immer wieder abfahren, doch das schreckte ihn alles nicht ab. Wenn er dieses Mädchen sah, verflüchtigte sich auf irgendeine Weise sein Verstand.

Als erstes Mädchen in der Stadt hatte Marion König schon mit siebzehn den Führerschein. Zum Geburtstag bekam sie von ihrem Vater ein Ford Eifel Cabriolet in Creme und Hellblau. Das Auto war damals das Größte für junge Leute. Ein Eistütchen schleckend, lehnte sie an ihrem Cabrio, als Bender sie sah. In diesem Augenblick kam ein Radfahrer vorbei und streifte mit seinen Pedalen das wunderschöne, makellose Automobil. Das hinterließ mächtige Schrammen und Kratzer. Heftig trampelnd, suchte der Täter das Weite. Bender rannte hinter ihm her. Er holte den Radfahrer ein und brachte ihn im Polizeigriff zurück zu Marion.

Doch die lächelte nur spöttisch. »Hallo, Otto«,

sagte sie zu dem Radfahrer, und als Erklärung für Bender: »Er ist der Sohn unseres Gärtners. Dem wird mein Vater die Reparatur vom Lohn abziehen.«

Wie hatte Benders Großmutter doch immer gesagt: Tu nie was Gutes, Junge, es könnte böse enden.

Selbst nach dieser Niederlage gab Bender noch nicht auf. Es war bei einer Tanzerei, so um Mittsommer herum, hauptsächlich für Abiturienten aus der Oberprima und Schüler der oberen Klassen. Trotzdem ging Bender hin. Die Mutter hatte seinen Konfirmandenanzug frisch aufgebügelt. Statt der Krawatte trug er eine kesse Fliege. Hoffnungsvoll reihte er sich in die Schlange, um Marion zu einem langsamen Foxtrott aufzufordern.

Sie musterte ihn von oben bis unten und lachte hell auf. »Arbeitest du hier als Kellner oder was?« Und tanzte mit einem öligen Burschen aus der Oberschicht. Sein pomadisiertes Haar war auch noch mit der Bürste glattgebügelt.

Hagemann, der das alles beobachtet hatte, sagte: »Ich habe dich gewarnt, Bender. Sie läßt dich immer wieder abzittern. Bei der kriegst du kein Land unter die Füße. Aber ich könnte dir was erzählen über diese Weiber ...«

»Dann sag schon.«

»Da schweigt des Sängers Höflichkeit«, deutete Hagemann an, der nicht dafür bekannt war, daß er hintenherum Klatsch verbreitete. Aber eine Bemerkung hatte er eben doch gemacht.

Bender war nur Mitglied beim Arbeitersportverein, Abteilung Fußball. Beim feudalen Tennisclub wurde er nicht aufgenommen, dazu hätte er Befürworter gebraucht, Bürgen. Auch hätte es ihm am nötigen Kleingeld gefehlt. Aber es war im selben Stadion, und die Anlagen lagen nebeneinander. Nach einem Damenturnier schlich er in die Umkleidekabine der Frauen und versteckte sich in einem der leeren Spinde vor der Dusche. Er fühlte sich nicht wohl dabei, aber was er durch die Luftritzen sah, überwältigte ihn geradezu. Beinahe traute er seinen Augen nicht, als die Mädchen ihre Höschen wechselten. Marion König, das Supergirl, die Mannschaftsführerin, hübsch, blond, verwöhnt, reich, hatte auch verrückte Ideen und war offenbar Anstifterin. Alle Mädchen hatten ihre Höschen vorn über dem Zwickel farbig angemalt mit Blumen oder Ornamenten, Arabesken in Blau, Grün, Rot. Und Marion hatte die Verzierung sogar goldfarben gestickt. Es war Bender, als habe er dadurch Kenntnis von einem intimen Geheimnis erfahren. Das ließ ihm Marion König auf einmal weniger göttinnengleich erscheinen.

»Mit dir wird sie sich nie einlassen«, hatte Hagemann gesagt.

Klar, er war ein Nullmann für sie, ein Habenichts. Aber die Ornamente an den Höschen waren auch ziemlich lachhaft.

10 Grad Ost, 74 Grad Nord

In den stetigen Bewegungen seines Bootes war Korvettenkapitän Bender eingeschlafen. Er erwachte durch ein Geräusch. Jemand hatte sich geräuspert. Es war der Horcher, der vor seiner Koje in dem schmalen Kommandantenschapp stand.

Bender war längst darauf trainiert, immer sofort hellwach zu sein. »Was gibt's?«

»Schraubengeräusche in 235 Grad, Herr Kapitän.«

»Wie viele?«

»Sehr viele. Eine ganze Mahalla. Geleitzug noch und nöcher.«

Minuten später stand Bender in der Zentrale über die Karte gebeugt. Mit dem Obersteuermann berechnete er den Parallelkurs nach den Angaben des Horchers.

Der lieferte noch eine Ergänzung: »Viererflügelschrauben, drehen langsam. Diesel- und Kolbendampfmaschinen.«

Da sie aufgetaucht liefen, konnten sie bald sehen, wie sich die Horizontlinie durch den Rauch der alten Frachter dunkel verfärbte.

»Wir müssen dranbleiben«, entschied Bender.

»Die zacken«, stellte der I WO fest. »Vorhin nach Backbord, jetzt nach Steuerbord. Alle zehn Minuten.«

»Geleitzüge zacken immer. Man muß den Commodore bewundern, wie er diesen Sauhaufen von Schiffen immer zusammenhält.«

»Der Generalkurs ist Nordost auf Spitzbergen zu«, hatte der Obersteuermann inzwischen berechnet.

Bender ließ einen Funkspruch an den BdU absetzen mit genauen Kurs- und Standortdaten. Der würde jetzt wohl versuchen, so viele Boote wie möglich heranzuführen.

»Das Geleit steht schon ziemlich weit nördlich«, meinte der Obersteuermann.

»Werden bald Kurs auf Nordost wechseln.«

Kurz darauf kam die Antwort vom Befehlshaber der U-Boote: »Fühlung halten so lange wie möglich.«

Durch die Kursänderung liefen sie jetzt schräg gegen die aus Nordost anrollende See. Sie packte das Boot. Trotz seiner Länge und seines Gewichtes arbeitete es schwer. Nicht nur deshalb, sondern auch wegen der Bewacher des Geleites ließ Bender tauchen. Sie schnorchelten die ganze Nacht hindurch neben dem Konvoi her, ohne anzugreifen, wie ihr Befehl es vorsah.

Maschinentagebuch U-Bender

Seit Schrauben-Wellenschaden BB-Diesel nur für Ladung. Vollschaltung im Notfall. Starke Vibrationen. Auswirkung auf Verbände – Spanten – Fundamente – Rohrdurchlässe zu befürchten. Gez. Sax, Kptlt. Ing.

10

US-Navy

In der König-Gustav-See nahe den Mackenzie-Inseln im nördlichsten Kanada drehte der amerikanische Flugzeugträger *WASP* in den Wind. Der Nordost fegte jetzt in Orkanstärke, durchsetzt mit Eiskristallen, über das Landedeck – immerhin kreuzte der Träger auf 78 Grad Nord.

Im Laufe der Vormittagsstunden war ein Sonderbefehl eingelaufen. Im Briefing-Raum unter Deck hielt der Einsatzoffizier Vortrag. In dem sonst mit Piloten vollbesetzten Raum saßen nur zwei Männer: Captain Coborg und Lieutenant Ridge, sein Navigator.

Der Einsatzoffizier informierte sie kurz über den Auftrag: »In Polnähe ist ein kriegswichtiges Objekt heruntergegangen. Vermutliche Herkunft Deutschland. Wir müssen es finden. Ich weiß, Schnee im Winter zu erwischen, ist leichter, aber wir versuchen es.«

Einzelheiten wurden besprochen. Die Piloten, bereits im Pelzoverall, bekamen Spezialkarten ausgehändigt. Ihr zweimotoriger Mosquito-Bomber wurde im Hangar schon seit Stunden vorbereitet. Es war jener sagenhafte hölzerne Aufklärer und Fernbomber britischer Konstruktion, der von Chrysler in Kanada nachgebaut wurde. Seine Rolls-Royce-Motoren machten das Flugzeug schneller als eine Messerschmitt, und es flog so hoch, daß die Flak nicht hinaufkam. Ein Wundervogel. Die Mosquito war unbewaffnet, konnte aber neunhundert Kilo Bomben mitnehmen. Statt der Bomben hatte man diesmal zwei Abwurftanks voll mit Benzin an die Flügelenden angehängt.

»Damit erhöht es eure Reichweite von 3000 auf 4500 Kilometer«, sagte der Chefmechaniker.

»Zum Glück kann Sprit ja nicht einfrieren.«

Vor den zwei Fliegern auf ihrem Kurs zum Nordpol lag eine Flugzeit von sechs bis sieben Stunden. Daß die samtweichen Motoren der Merlin-Triebwerke durchhalten würden, darüber bestand kaum Zweifel. Eher zweifelte man an den Männern.

»Das Problem besteht bei dem Kompaß«, erklärte der Navigator seinem Piloten. »In Polnähe versagt der Magnet.«

»Wir haben ja noch den Kreisel.«

»Auf den wird in 90 Grad Breite auch kein Verlaß sein.«

»Ebensowenig wie auf unsere Konstitution«, fürchtete der Pilot.

Wie immer vor Langstreckeneinsätzen hatten sie nur etwas Toast mit Rührei zu sich genommen, keinen Kaffee. Durch Kaffee wurde der Harndrang zu stark. Gegen die Ermüdung gab es Tabletten. Eine Menge chemischer Mittel waren darin enthalten – Methylaminopropanhydrochlorid oder wie das Zeug hieß. Die Flieger nannten es einfach Pervitin. Es wurde zum Ablecken auf den Handrücken geklebt.

In ihren Polar-Overalls und den gefütterten Stiefeln wurden sie, schon im Cockpit sitzend, mit dem großen Lift hinauf zum Flugdeck gefahren. Die Motoren waren bereits warmgelaufen. Oben blies der Sturm mit Orkanstärke, als die Startfreigabe kam und das Dampfkatapult sie hochschleuderte, während der Pilot, Captain Coborg, Vollgas gab. In den unförmigen Kälteklamotten hatten sie im Cockpit kaum Bewegungsfreiheit. Immerhin froren sie nicht, auch wenn die Kabinenheizung zu wünschen übrig ließ.

»Fünfundzwanzig Grad minus draußen«, las Leutnant Ridge schaudernd vom Thermometer.

Nachdem der Träger sie mit 200 km/h gegen den Wind abgeschossen hatte, drehten sie sofort auf Einsatzkurs. Bald waren sie im Nebel von der *WASP* aus nicht mehr zu erkennen. Der Sturm heulte so, daß man selbst die Motoren der Mosquito kaum hörte.

Drei Stunden später, nach einem Flug von tausendachthundert Kilometern, erreichten sie ihr Zielgebiet. Jetzt, gegen Mittag, war die Sicht noch immer nicht besser geworden. Sie umkreisten den Bereich zwischen 87 und 88 Grad Nord, wo der Gegenstand hätte zu finden sein müssen, doch die Bodensicht betrug bestenfalls zwanzig Prozent. Der Pilot, Captain Coborg, ging so tief hinunter wie sichtmäßig vertretbar. In weiten Kreisen suchten sie die auf der Karte markierten Planquadrate ab. Vier Stunden nach dem Start war es dann so weit, daß sie an den Rückflug denken mußten – bis jetzt ohne Ergebnis.

Plötzlich deutete der Navigator nach links – hier oben am Pol gab es ja nur eine Hauptrichtung: nämlich Süden. Dort, wo der Beobachter hinzeigte, tat sich ein Loch in der Bewölkung auf. Man sah sogar den eisigblauen Polarhimmel. Der Pilot nahm Kurs darauf zu, und das Glück war mit ihnen.

Nach etwa zwanzigminütigem Suchen entdeckten sie eine Spur, als habe man eine zweizinkige Gabel durch eine Sahnetorte gezogen. Am Ende der Spur hatte sich die Sahne zu einem Hügel aufgeschoben. In diesem Fall bedeutete das zweifellos, daß hier das gesuchte Objekt unter dem schneebedeckten Hügel lag.

»Hat doch gar nicht geschneit«, bemerkte der Navigator über die Bordsprechanlage.

»Das Ding hat den Schnee zu einem Hügel vor sich hergeschoben.«

Sie nahmen so gut wie möglich eine Standortberechnung vor und funkten diese zur Sicherheit an den Träger. Sie hatten noch einen langen Flug vor sich, und man konnte nicht vorhersagen, ob ihnen etwas zustieß. Nach einer Reihe von Luftaufnahmen traten sie den Heimweg an. Mit Verspätung wegen des Gegenwindes erreichten sie nach siebzehn Uhr das Landedeck des Trägers, wo sie problemlos aufsetzten. Der Haken an ihrem Heck erwischte das Halteseil und bremste sie ruckartig ab.

Die von dem Mosquito-Aufklärer gelieferten Werte wurden vom Oberkommando des amerikanischen Armee-Stabs in Washington sofort ausgewertet. Nach den bisherigen Fehlversuchen der Alliierten wollte man keine Zeit mehr verlieren. Alle brannten darauf, das Wrack, vermutlich das einer Rakete, zu bergen. Die Strategen forderten dies nachdrücklich und behaupteten, die Bergung sei möglicherweise kriegsentscheidend.

»Damit wir an das Ding herankommen, ist der Einsatz von Fallschirmspringern nötig, und zwar mit einem Flugzeug, das auf Eis landen und starten kann. Wir können das Kommando nach dem Absprung ja nicht am Pol sitzen lassen wie in einem Kühlschrank.«

»Am besten ausgebildet«, meinte einer der Stabsoffiziere, »ist das Marine-Corps in Fort Bragg/Carolina.«

»Fliegen Sie sofort dorthin, Colonel«, wünschte der verantwortliche General, »und wählen Sie die Spezialisten und Freiwilligen aus.«

Der Colonel stand einer schwierigen Aufgabe gegenüber. Er brauchte ein Dutzend der besten Männer aus der A- und B-Kompanie. Das dauerte einen Tag. Die Soldiers wurden in ihre Aufgabe eingeweiht und unterzogen sich sofort einem Sondertraining über Verhalten bei extremen Tieftemperaturen. Was sie an Technik mitnahmen – Sprechfunkgeräte, Waffen, Proviant – wurde den Minusgraden angepaßt. Die Gewehre bekamen entsprechende Flaumhüllen und Spezialöl. Die Marines faßten die modernsten Thermoanzüge, wie sie Polarforscher trugen, Gesichtsmasken und Schneebrillen.

Dann vergatterte sie der Colonel aus Washington: »Und zu niemandem ein Wort über den bevorstehenden Einsatz, Männer. Nicht einmal mit Ihren Ehefrauen sprechen Sie darüber, nicht untereinander, nicht einmal mit sich selbst. Am besten, Sie versuchen, gar nicht daran zu denken.«

In Fort Bragg hoffte man, binnen zweiundsiebzig Stunden einsatzbereit zu sein. Jetzt fehlte nur noch das passende Fluggerät.

11

Berlin

»Was wir hier veranstalten«, bemerkte der Geheimdienstchef Admiral Canaris nicht ohne Spott, »nennen die Engländer Puzzle, glaube ich. Das Zusammenfügen eines erkennbaren Bildes aus tausend Teilen.«

Auf dem grünbezogenen Tisch stand eine Flasche Cognac. Es duftete nach starkem Kaffee und dem Rauch von Havanna-Zigarren. Der Vertraute des Admirals, dem die Prozedur, Kaffee und Cognac getrennt trinken, zu umständlich war, goß seinen Cognac direkt in den Milchkaffee.

Die Bemühungen der Alliierten um das geheimnisvolle Flugobjekt bildeten Teile des Puzzles. Einige davon betrafen die unglückliche russische Polexpedition. Mit ihren propellergetriebenen Pontons waren sie zwischen zwei Eisfeldern in einer Rinne abgesoffen, die sich unerwartet auftat. Nach kurzem SOS schwieg ihre Funkstation.

Kapitän z. See Oster nahm ein Blatt vom Tisch.

»Meldung von der Luftwaffe: Ein deutscher Fernaufklärer, eine FW-200 Condor, hat auf einem Eisfeld weit nördlich Spitzbergen einen ziemlich großen schwarzen Fleck entdeckt. Man nimmt an, daß es sich hierbei nicht um ein Freudenfeuer von Eskimos handelt. Die Condor war so weit heruntergegangen, bis sie die Brandstelle erkennen konnten. Um sie herum lagen die Trümmer eines abgestürzten großen Bombers. Der hatte vier Motoren gehabt und britisches Kennzeichen geführt, vermutlich Typ Sterling.«

»Das wäre die eine Hälfte des Puzzles«, bemerkte Admiral Canaris unzufrieden.

Ein Offizier aus der Runde reichte ihm zwei Telegramme. »Von unserem Agenten in den USA. Gerade entschlüsselt. Brandneu.«

»Vorlesen!« bat Canaris, der seine Brille wieder einmal nicht fand. »Kurz und lapidar«, sagte der Offizier. »Einsatz eines amerikanischen Bergungskommandos am Nordpol ist in Bälde zu erwarten.«

»Und?«

»Die Vorbereitungen sind abgeschlossen.«

Canaris ließ sich bis auf einen tiefen Seufzer nichts anmerken. Aber diese letzte Nachricht erschwerte seinen Besuch beim Oberkommando nur noch mehr.

Die kurze Autofahrt zur neuen Reichskanzlei war ein schwerer Gang. Ihre Schritte hallten vom pompösen Marmor des Walhalla-Saals höhlenhaft wider. In dem riesigen Raum stand ein einzelner Mann – dunkle Hose, braunes Uniform-Jackett, elegant geschnitten. Es war der Vertraute des Oberbefehlshabers, der Rüstungsminister Albert S. Sie setzten sich in einer Ecke zusammen. Canaris berichtete halblaut vom Stand der Dinge.

Der Minister versuchte, ihnen die Wut des Führers und seine maßlose Enttäuschung über diesen Rückschlag deutlich zu machen. Dabei stand er auf, gestikulierte. »Wir haben alle unsere Hoffnungen auf die Raketen V1 und V2 gesetzt, sie müssen den Krieg gewinnen helfen, weil sie nicht abzuschießen sind wie Bomber und Jäger.« Der Minister rang schier mit den Händen. »Und nun passiert so etwas. Der Führer hat diese Panne damit verglichen, als bekäme die Firma Messerschmitt plötzlich das neue Jägermodell der Firma Bristol in die Hände, das diese erst in zwanzig Jahren bauen will. Wir müssen den Krieg durch fortschrittliche Technik gewinnen. Deshalb sind folgende Punkte unbedingt zu erfüllen: Neben der Aufklärung des Zwischenfalls müssen wir erstens das Wrack finden und bergen oder es zweitens durch Bomben zerstören. Wie Sie das machen, meine Herren, ist Ihre Sache. Sie haben jede Vollmacht – aber diese traurige Angelegenheit muß binnen weniger Tage, ach, was sage ich, binnen weniger Stunden aus der Welt geschafft sein.«

Schweigend blickten sich die Männer an. Ihre Gesichter drückten Ratlosigkeit aus.

Betreten saßen Canaris und Oster auf der Rückfahrt im Fond der Dienstlimousine.

Canaris sagte nur: »Das ist ein undurchführbarer Auftrag.«

Und Oster verwendete den amerikanischen Begriff dafür: »*Mission impossible.*«

12

Peenemünde

Der Start der Versuchsrakete V2 war für den nächsten Morgen vorgesehen. Das zwanzig Meter hohe Geschoß, das aussah wie eine silberne Zigarre mit Flossen, war schon hydraulisch aufgerichtet worden und stand senkrecht an der Beton-Startrampe. Nur fliegen konnte die Rakete noch nicht. Ein wichtiges Bauteil hatte man ausgebaut, um es mit beinahe mikroskopischer Genauigkeit zu untersuchen. Es war der Kreiselapparat, der die Raketenmotoren auf ihrem Kurs steuerte.

Das Gebilde – es sah aus, als habe man Kupferleitungen, Druckluftkessel, Messingschrauben, dazu einen Staubsaugermotor und Teile eines Radios würfelförmig eng zusammengebaut – lag auf einem Werktisch der Montageabteilung. Sämtliche Experten einschließlich Dr. Fiedler und dem Chef waren anwesend und beteiligten sich an der Suche.

»Die Rakete war ein Irrläufer. Sie flog mit Schallgeschwindigkeit und entkam in Kurs Nord. Also lag es an der Steuerung«, führte Fiedler aus.

Sie zerlegten das hutkoffergroße Gebilde bis auf die letzte Schraube, untersuchten jedes Teil, jedes Dreiachsenlager, jede Lötstelle, jede noch so kleine Turbine unter der Lupe. Sie konnten jedoch nichts finden. Bei der Prozedur schauten ihnen die prüfenden Augen mißtrauischer Gäste über die Schulter. Es waren Leute vom Reichssicherheitshauptamt und Fachleute von Canaris. Sie wollten unbedingt verhindern, daß ein neuer Fehlstart passierte – vielleicht durch Sabotage.

Die Mechaniker arbeiteten mit weißen Handschuhen, Pinzette und Uhrmacherlupe. Zwischendurch gab es Kaffee. In einem unbeachteten Augenblick gab Fiedler dem Chef einen Wink. »Ich muß Sie alleine sprechen.«

Der Direktor der Versuchsanstalt konnte es einrichten, daß sie ungestört in seinem Büro waren. Dort holte Fiedler eine schmale Blechbüchse aus der Tasche, in der man normalerweise Schreibfedern aufbewahrte. Er öffnete den Deckel, faßte mit der Pinzette hinein und zeigte sie dem Baron gegen das Licht der Lampe. Deutlich war daran ein Haar zu erkennen.

»Das war um die Dreipunktaufhängung eines Kreisels gewickelt.«

»Frauenhaar, blond.«

»Das muß bei der Montage passiert sein.«

»Nicht zufällig. Zufall unmöglich.«

»Montiert wurden die Raketenteile von Frauen, die in Werk Schwalbe IV, einem unter der Erde liegenden großen Tunnelsystem im Riesengebirge, arbeiten.«

Der Chef konnte es nicht glauben. Kopfschüttelnd bemerkte er: »Dabei handelt es sich um streng beaufsichtigte KZ-Insassinnen und Strafgefangene.«

»Da hat eine sabotiert«, fürchtete Fiedler.

»Wenn wir das der SS mitteilen, entsteht in Schwalbe ein Blutbad.«

Und Fiedler fügte hinzu: »Sie werden die Frauen foltern bis aufs Blut, reihenweise an die Wand stellen und nicht eher ruhen, bis sie die Saboteurin gefunden haben.«

»Ja, so gehen diese Henker vor.«

»Das müssen wir verhindern«, forderte Fiedler. »Wir erzählen den Kaltenbrunners etwas von Korrosion oder daß das verwendete Torpedoöl Wasser enthielt und bei der Kälte in der Atmosphäre zäh wurde.«

Auf diese Weise führten sie die Aufpasser hinters Licht – um Schlimmes zu verhindern, denn bei der gezielten Suche wurden von ihnen noch mehrere solcher Frauenhaare gefunden.

Der oberste Chef der Versuchsanstalt schlug die Hände vors Gesicht. »Auch das noch. Der Fehlstart ... Sabotage und dazu der Materialmangel.«

»Woran fehlt es?«

»Wieder die speziellen Alubleche und die Teile aus nicht rostendem Stahl. Gestern ist ein schwedischer Dampfer in Heringsdorf eingelaufen, die *Normenholm*. Wir sind dabei, zu entladen. Aber wann die nächste Lieferung kommt, ist noch offen. Neuerdings bestehen die Schweden auf Barzahlung. Aber nicht in Reichsmark, sondern in Devisen oder in Gold. Hoffentlich klappt morgen der Raketenstart.«

Im Mondlicht war zu sehen, daß die Rakete draußen auf der betonierten Abschußplattform bereits aufgerichtet wurde.

Aber das Schlimmste in dieser Nacht stand ihnen noch bevor.

Auf dem kleinen Bahnhof von Peenemünde stand der Salonwagen des Reichsministers für Rüstung. Er wollte sich noch einmal über den Stand der Versuche informieren lassen. Es war Mitternacht, als die Männer den eleganten, holzgetäfelten Raum betraten. Er war absolut geschmackvoll gestaltet – kein Wunder, der Rüstungsminister galt selbst als ausgezeichneter Architekt. Der blaue Samt der Clubsessel war abgestimmt auf den goldfarbenen Teppich und die roten Edelholzpaneele. Vorne hatte man eine Leinwand aufgespannt, auf dem Tisch standen Film- und Diaprojektor. Der Minister wartete im Kreis seiner Fachleute schon gespannt. Jetzt war Dr. Fiedler als Entwicklungschef mit seinem Vortrag an der Reihe. Er begann mit einer kurzen Erwähnung der zeitlichen Umstände.

Dabei hielt er sich nicht mit der Wahrheit zurück, als er kritisierte: »Die deutsche Luftwaffe hat große Verluste. Mitunter verlieren wir sogar die Lufthoheit. Die Bevölkerung ist den verstärkten Bombenangriffen des Gegners hilflos ausgeliefert. Wir müssen also versuchen, aus der Defensive heraus zu operieren, und dies zu möglichst geringen Kosten und Überwältigung des feindlichen Radarsystems. Das ist nur durch fortschrittliche Technik möglich. Deshalb haben wir auch unsere V-Raketen entwickelt.«

Das alles wußte der Minister längst, unterbrach höflich und sagte: »Bitte kommen Sie auf den Punkt, Dr. Fiedler.«

Was hier allgemein interessierte, war der Fortschritt der Technik. Fiedler rief die ersten Glasdiapositive ab. Die Innenbeleuchtung des Salonwagens wurde heruntergefahren. Auf der Leinwand erschien das erste Bild.

»Das ist der Raketenkörper unserer V2. Höhe vierzehn Meter, Startgewicht dreizehn Tonnen. Davon vier Tonnen Brennstoff.«

Er wurde unterbrochen. »Was verwenden Sie jetzt?«

»In der Hauptsache Spiritus mit Sauerstoff. Aber es gibt bessere Komponenten.«

»Wie viele PS entwickeln die Motoren?«

»Mehrere tausend. Wir rechnen in Schub. 250 N. Die Zündung folgt durch ein Glühwendel, die Steuerung durch kardanische Kreiselapparate.«

»In dem Sie das Haar fanden.«

Woher wußten diese Leute schon wieder davon? Dr. Fiedler vermied, darauf einzugehen. »Das Material ist weitgehend Aluminiumlegierung und für bestimmte Aggregate Edelstahl.«

»Zum Beispiel?«

»Die Tanks. Bisher haben wir eine Gipfelhöhe von hundert Kilometern erreicht. Dies bei mehrfacher Schallgeschwindigkeit. Die Brennkammern sind graphitbeschichtet und bringen die Rakete bei normalem Verlauf sechs- bis siebenhundert Kilometer weit.«

»Und bei der New York?«

»Etwa Distanz mal zehn.«

»Und was kostet so ein Exemplar?«

»Nach neuester Kalkulation etwa 75000 Reichsmark, Herr Minister.«

»Wie viele Arbeitsstunden?«

Die Antwort ging unter. Der Film wurde abgerufen.

Er zeigte den Raketenstart. Zischender Feuerstrahl, fauchende Abgase.

Dazu Fiedlers Kommentar: »Die V2 startet vertikal bis hundert Kilometer Gipfelhöhe, fliegt dann horizontal weiter. Das macht eine Steuerung um alle drei Raumachsen nötig. Der Abgasstrahl trifft auf graphitbeschichtete Ruder. Außerdem sind die Steuerungstriebwerke schwenkbar. Die Kreiselapparate, die den Kurs bestimmen, sind hochempfindliche Geräte von feinster Uhrmachermechanik.«

Der Film war zu Ende, ein neues Foto wurde gezeigt.

Fiedler senkte die Stimme, als offenbare er ein großes Geheimnis. »Und jetzt, meine Herren, Sehen Sie unsere neue Amerika-Rakete.«

Der Minister redete dazwischen. »Ist das der Typ, der Ihnen mit Kurs Nordpol entkommen ist?«

Betretenes Schweigen war die Reaktion.

»Sie war leider vollgetankt und hätte mit eigenem Antrieb im ballistischen Flug eine Reichweite von fünftausend Kilometern erreicht.«

»Manhattan also.«

»Nur war in diesem Fall New York leider der Nordpol.«

Fiedler versuchte eine möglichst verständliche Erklärung für das Versagen. »In der Spitze der Batterie sitzt ein Schwungrad. Ein Drehstrommotor soll damit die Rakete in Drehung versetzen und ihren Flug stabilisieren. Bei dieser Einrichtung sind wir an der Fehlersuche.«

Der Minister war mit all den weiteren Ausführungen noch lange nicht zufrieden. Er stand auf, steckte sich eine Zigarette an und nahm einen Schluck Cognac. »Berlin nervt mich durch stündliche Anrufe oder Fernschreiben. Was soll ich bloß dem Oberkommandierenden melden?«

Fiedler berichtete ihm Näheres über den Fund im Steuergerät, nannte es Verunreinigung. Doch ob es Sabotage war oder nur Schlamperei, wollte der Minister eigentlich gar nicht wissen.

»Mich hat nur die neue Konstruktion interessiert«, gestand er.

Diese hatte Fiedler schon ausgiebig dargelegt. Doch nun faßte der Minister noch einmal nach. Als Architekt zeigte er sich erstaunlich gut informiert. »Was bedeutet es, wenn der Feind das Wrack findet? Kann er die Rakete nachbauen?«

»Ja«, schätzte Fiedler.

»Wann?«

»In wenigen Jahren.«

»Könnte er sie mit dem Wissen um die Antriebs- und Steuerungstechnik abschießen?«

»Das nein«, versicherte Fiedler, »denn sie kommt ja senkrecht von oben.«

»Gibt es andere Möglichkeiten, ihren Einsatz zu verhindern, wenn die Alliierten das Wrack finden und zerlegen?«

Fiedler zögerte mit der Antwort. Im Grunde wußte er keine. Es war auch ganz egal, wie sie ausfiel. Er würde sich immer unbeliebt machen. Vermutlich würde er mit der Antwort auch völlig falsch liegen. Auf der Direktionsebene war die Luft dünn, und die Köpfe rollten schnell.

Deshalb formulierte Fiedler seine Meinung anders.

»Auch der Gegner verfügt über Wissenschaftler, Herr Minister. Die Wissenschaft kann immer alles, das ist nur eine Frage der Zeit. Ob sie uns bei diesem Rennen einholen ... kommt darauf an, wie lange der Krieg noch dauert.«

Auch der Minister wollte sich jeder klaren Antwort enthalten. Er sagte: »Wie lange der Krieg dauern wird, ist eben eine Frage, ob die Feinde uns einholen oder nicht. Was soll ich in Berlin denn nun sagen?«

Fiedler kam ihm zu Hilfe. »Daß der Start im Morgengrauen funktionieren wird, Herr Minister«, versprach er.

»Doch Berlin fordert den Einsatz aller Mittel zwecks Zerstörung des Irrläufers am Nordpol.«

Das interessierte Dr. Fiedler wenig. Es war nicht sein Problem. Das lag in den Händen der Spezialeinheiten der Heeresteile und der Sonderkommandos des Geheimdienstes. Er war froh, als er gegen drei Uhr entlassen wurde. Mit tiefen Atemzügen atmete er die frische Morgenluft.

Der Start der V2 am nächsten Morgen unter den Augen aller Verantwortlichen gelang wie im Bilderbuch gemalt. Als die Rakete ihre Höhe erreicht hatte und Kurs Nordwest Richtung Skagerrak nahm, wurde die Fernzündung betätigt, durch die sich die Rakete selbst zerstörte. Ein Knall, ein Rauchpilz am Himmel war alles.

Abends kehrte Dr. Fiedler müde und abgespannt in seine Wohnung auf dem Versuchsgelände zurück. Sie befand sich nicht in einer der Baracken, sondern in einem der getrennt liegenden steinernen Luxusbungalows für die Führungskräfte. Nach diesem anstrengenden Tag hatte Fiedler nur noch einen Wunsch: eine Kleinigkeit zu essen, ein Glas Rotwein und dann zu schlafen. Er sperrte sein Haus auf. Noch bevor er in der Diele Licht machte, hatte er das Gefühl, nicht allein zu sein. Beinahe war es ihm so, als höre er einen Menschen atmen. Tatsächlich sah er über der Sessellehne vor dem Kamin den Kopf eines Mannes. Ein fremder Besucher.

Nach dem ersten Schreck wußte Fiedler, das konnte keiner der SS-Schergen sein. Die hätten ihn schon an der Startrampe verhaftet. Also war es jemand, den er kannte und der sich hier zurechtfand. Nur einer hatte diese kurzen blonden Siegfriedlocken. Plötzlich schlug sein Herz heftig. Der Mann im Sessel war sein Freund Dirk Lohner.

Mühsam, noch unter seiner Schenkelverletzung leidend, erhob sich der Soldat in der abgerissenen Landseruniform. Sie schien an manchen Stellen angekohlt und an manchen voll Blut zu sein. Stumm umarmten sich die Männer. Es dauerte einige Zeit, bis sich der Schock der Wiedersehensfreude legte. Wortlos saßen sie da und hielten sich bei den Händen.

Dr. Fiedler ging in die Küche, entkorkte eine Flasche Rotwein und brachte ein paar Sandwiches mit Hühnerfleisch. »Du wirst ausgehungert sein.«

»Seit drei Tagen schon.«

Trotzdem brachte Dirk keinen Bissen hinunter, ehe er erzählt hatte. Er begann stockend, als quäle ihn noch die Erinnerung an das Fürchterliche. »Bei der Panzerschlacht von Kursk trafen etwa 10000 Tanks aufeinander. Zuerst ging es für uns noch vorwärts.

Wir stürmten hinter einem deutschen Tiger her, doch der wurde von einer Stalinrakete getroffen. Der Tiger explodierte, die Munition und das Benzin zerlegten ihn geradezu in kleine Splitter. Einer davon erwischte mich im Oberschenkel. Im Feldlazarett konnten sie der Verletzung nicht Herr werden. Eine böse Entzündung kam hinzu, Blutvergiftung, Wundbrand. In der Etappe wollten sie mir schon das Bein abnehmen. Aber im letzten Moment trat eine geringfügige Besserung ein. Kaum war die Wunde vergrindet und ich konnte mich wieder einigermaßen bewegen, schickten sie mich mit einem Lazarettzug in die Heimat. Zwischen Berlin und Hamburg griffen britische Jagdbomber den Zug mit Maschinengewehren und Bomben an. In meinem Abteil starb ein Gefreiter meines Alters vor meinen Augen. In dem allgemeinen Durcheinander vertauschte ich meine Erkennungsmarke mit der seinen und konnte aus dem brennenden Inferno entkommen.«

»An seiner Stelle«, fuhr Fiedler fort. »So hielt man dich für tot, entdeckte aber auch Fotos und Briefe.«

»Das ist mir leider passiert. Ich fand in dem Chaos meinen Tornister nicht mehr. Alles war verschüttet, brannte.«

In den nächsten Stunden schien der völlig erschöpfte Dirk Lohner sehr müde zu werden.

Fiedler rüttelte ihn wach, gab ihm Kaffee und sagte besorgt: »Hier kannst du nicht bleiben. Die Gestapo durchsucht aus Angst vor Agenten und Saboteuren immer wieder unsere Wohnungen und Häuser.«

Er löschte das Licht, zog den Vorhang auf und trat ans Fenster. Diese Sommernächte waren verdammt hell. Fiedler wartete den Monduntergang ab, dann fuhr er mit seinem VW-Kübelwagen zum hinteren Ausgang des Hauses. Humpelnd stieg Dirk zu. Ohne die verdunkelten Scheinwerfer einzuschalten, brachte Fiedler ihn auf Nebenstraßen die dreißig Kilometer nach Norden zur Küste, immer in Angst vor Straßenkontrollen.

Am Meeresufer bleibend, rollte er an der Insel Usedom entlang Richtung Swinemünde und Heringsdorf. In dem kleinen Fischerhafen lag nur ein einziger Frachter. Es war der Schwede *Normenholm*, der die Alubleche für die V2 angeliefert hatte. Fiedler kannte den Kapitän. Sie hatten hin und wieder schon einige Worte miteinander gewechselt und auch mal eine Flasche Cognac gegen Aquavit getauscht. Fiedler hoffte, daß ihm der Kapitän einen Gefallen tun würde, aber gewiß nicht für nichts.

Der Schwede war ein grauhaariger Seemann und Neutraler, sehr geschäftstüchtig.

»Ich habe da einen Jungen«, erklärte Fiedler kurz. »Wenn er hier bleibt, ist er des Todes. Können Sie ihn mitnehmen?«

Der Kapitän zögerte und goß erst einmal Schnaps ein. Dabei jammerte er herum, daß er wahrscheinlich auch Schwierigkeiten bekäme. Doch dann zeigte ihm Fiedler Goldmünzen, die er in Griechenland gegen Reichsmark eingetauscht hatte. »Das sind neunzig Golddollar, Käpt'n.«

»Echt?«

»Klar.«

»Sie machen mich moralisch fertig.«

Darauf ging Fiedler gar nicht näher ein. »Bringen Sie mir den Jungen heil raus.«

»Wir laufen aber erst nach Spitzbergen, nehmen dort Kohle, und dann zurück nach Göteborg. Dort setze ich den Jungen dann irgendwie an Land.« Er öffnete die Tür, ließ den wartenden Dirk herein, und deutete auf seine Koje. »Hinlegen. Vorhang zu.«

Mit Handschlag besiegelten der Kapitän und Fiedler das Geschäft.

Der Abschied fiel ihnen schwer.

Bevor Dirk in Deckung ging, umarmten sie sich, und Fiedler sagte: »Du bist mein Leben, Dirk. Wenn wir beide diesen Krieg überstehen sollten, dann findest du mich immer in Mykonos.«

»Dann bis Mykonos«, flüsterte Dirk Lohner unter Tränen.

13

Nordatlantik

Nach wochenlanger monotoner Sturmfahrt beschrieb das Typ XXI-Boot von Korvettenkapitän Curt Bender weitere Suchkurven, um die Geleitzüge zu finden. Beim Verlassen der Grönlandstraße entdeckte er endlich mehrere Dampfer. In der Nacht wurde das Wetter so schlecht, daß er kaum Kontakt halten konnte, funkte aber Kurs, Standort und Geschwindigkeit des Konvois an den BdU.

Nachdem der Wind tagelang in Orkanstärke geblasen hatte, ließ er jetzt nach. Die See beruhigte sich endlich. Kaum in der O-Messe beim Frühstück, riß ein Alarm den Kommandanten wieder hoch. Oben auf der Brücke sah er, wie der Obersteuermann über die Verschalung hinweg nach Backbord voraus deutete.

»Vermutlich noch ein deutsches U-Boot«, meldete er.

»Woher wollen Sie das wissen?«

»Rein gefühlsmäßig, Herr Kapitän. Fischkutter sind bei diesem Wetter nicht mehr unterwegs und britische Fernpatrouillen hier auch nicht.«

Moser sollte recht behalten. Trotz der starken Schaukelei hatte man sie drüben, etwa eine halbe Meile entfernt, auch erkannt. Signale mit der Blinklampe wechselten hin und her. Ohne Hilfe seines Gastes konnte Bender die Morsesprüche ablesen.

Erfreut rief er: »Das ist Hagemann mit *U-73*!«

Der lange John Hagemann also, den sie in der Schule immer Long John genannt hatten – ausgerechnet den traf er hier im Nordatlantik. Zwei Leute aus Unna in Westfalen, die es zur Kriegsmarine verschlagen hatte. Sowas von einer Masse Zufall. Wie hatte Hagemann immer gejuxt? »Er sank von Stufe zu Stufe und wurde schließlich U-Boot-Offizier.«

Hagemann war wie Bender Jahrgang 1917. Eine Zeitlang hatten sie der gleichen Clique angehört, hatten hie und da etwas miteinander unternommen. Was gab es schon in einer Stadt wie Unna in der westfälischen Provinz? Eine gotische Hallenkirche, ein paar mittelalterliche Bauwerke, Kohlegruben und etwas Industrie. Selbst die Unnesen behaupteten, das schönste an der Stadt seien der Bahnhof und die Eisenbahn nach Dortmund. Aber Dortmund war auch nicht so toll.

In diesem Augenblick der Begegnung während einer Sturmfahrt fühlte sich Bender mit Hagemann mehr verbunden als früher. Sie waren nicht unbedingt Freunde gewesen, dazu war der Unterschied zwischen den Familien zu groß. Hagemanns Vater Bergwerksdirektor auf der Zeche und Benders Vater nur Tagelöhner, auch auf der Zeche. Aber ein feiner Kerl war der dünne Hagemann schon immer gewesen. Wenn Hagemann ihm etwas geraten hatte, dann stets uneigennützig. Damals, als sich Bender in Marion König verguckte, hatte das natürlich auch Hagemann bemerkt.

»Verdammt, warum hast du dir ausgerechnet das hübscheste Mädchen in der Stadt ausgesucht, Tochter des reichsten Mannes hier, Juwelier und Kaufhausbesitzer?«

Königs Reichtum war wirklich der letzte Grund für Bender gewesen. Natürlich wußte er, daß schon Urgroßvater König ein Juweliergeschäft betrieben und es dann geschickt zu einem Kaufhaus ausgebaut hatte.

»Die wollten ja nur Eigentümer eines Kaufhauses werden«, hatte er zu Hagemann gesagt, »weil ihre Vorfahren noch als Hausierer durch das Land gezogen sind.«

»Gestern ist gestern, jetzt ist jetzt.« Hagemann warnte ihn. »Bilde dir bei der nichts ein. Die hält dich für einen Asozialen.«

»Ich bin ein Asozialer«, hatte Bender damals geantwortet.

Oben wechselten die Funksprüche zwischen den beiden Booten hin und her. Hagemann ließ herüberblinken: »Wie sieht es bei euch mit Torpedos aus?«

Bender hatte noch genug davon. Außerdem war er nicht zu Kampfhandlungen ermächtigt. Trotzdem verhielt sich ein U-Boot-Kommandant, was seine Torpedos betraf, ebenso wie ein Leitender Ingenieur in bezug auf seine Treibstoffreserven.

»Torpedolage schlecht«, gab er zurück.

»Mir sind drei Aale verschwindibus«, meldete Hagemann. »Vermutlich Grundläufer.«

Der Torpedomaat, der als Ausguck mit auf der

Brücke war, meinte: »Vermutlich Defekt des Tiefensteuerapparats, Herr Kapitän. Tritt noch immer auf.«

Bender gab sich einen Ruck. »Wie viele Aale haben wir noch?«

»Fünf Stück verschossen, Herr Kapitän. Von siebzehn also noch zwölf.«

»Können wir also drei hergeben.«

»Aber wie stellt er sich bei dem Seegang die Übernahme vor?«

»Das ist seine Sache.«

Bender ließ hinübermorsen: »K. an K. Bin ja nicht asozial. Schenke dir drei Stück T-5-Zaunkönige.«

Für die Übernahme dachten sich die Leitenden Ingenieure und die Torpedomixer etwas Besonderes aus. U-Bender stieß die drei Torpedos unscharf aus den vorderen Rohren aus. Sie schwammen hoch und wurden von Hagemanns Männern mit Netz und Bootshaken im Schlauchboot empfangen und gesichert. Dazu mußten einige Männer trotz des eiskalten Wassers mit Tauchretter ins Feuchte. Aber sie brachten die Aale intakt hinüber und konnten sie durch das Torpedoluk des VII C-Bootes an Bord nehmen. Das dauerte Stunden. Am Ende bedankte sich Hagemann. Seine Diesel sprangen wieder an, man sah es an der schäumenden Hecksee.

Bender gab einen letzten Blinkspruch hinüber: »Fette Beute und glückliche Heimkehr.«

Dann lief jeder seinen Kurs. Binnen kurzem gerieten sie sich außer Sicht.

Wegen diesem verdammten Hagemann war Bender Marion König noch einmal wiederbegegnet. Es war nicht schlechter und nicht besser gewesen als immer. Doch glaubte er, er hätte diesmal eine Art Sieg davongetragen. *Farewell, Long John*, dachte er.

14

Oberkommando der Wehrmacht, Berlin

Die Stimmung wurde schärfer. Dem Generalmajor von Leutgert war Sippenhaft angedroht worden, falls das Problem Polrakete nicht binnen zweiundsiebzig Stunden gelöst sei. Angeblich war Sippenhaft ein altgermanischer Brauch, demzufolge bei Versagen eines Führers auch dessen Familie bestraft wurde, vom Großvater bis zu den Enkeln.

In seiner Not erinnerte sich der Generalmajor an den besten Mann für Kommandounternehmen. Sofort ließ er ihn, Obersturmbannführer Otto Skorseny, von Italien nach Berlin einfliegen.

Drahtig, Kurzhaarfrisur, in überraschend eleganter Uniform, betrat der hohe Waffen-SS-Offizier den Lagerraum im zweiten Stock.

Er wurde voll ins Bild gesetzt. Skorsenys Zügen war zu entnehmen, daß er mit einigem gerechnet hatte, aber nicht damit. Alles wartete auf seine Stellungnahme. Er fand es nicht erwähnenswert, daß er vor kurzem erst den abgesetzten italienischen Duce Benito Mussolini in seinem Gefängnis am Gipfel des Gran Sasso, wohin ihn seine Gegner verschleppten, befreit hatte und daß ihm dafür das nagelneue Ritterkreuz verliehen worden war.

Darüber sprach er nicht. Mit überraschend weichem Tonfall ging er zunächst um zwei Jahre zurück. »Meine Herren, Sie wissen, daß unsere Angriffspläne auf Holland und Belgien bei Mechelen in die Hände der Alliierten fielen. Der Oberkommandierende hat sie sofort geändert. Ich vergesse nicht, wie wir einfachen Offiziere im Rang von Hauptleuten durch die Bronzeportale der neuen Reichskanzlei schritten und dann aus erster Hand unsere Befehle erhielten. Beim Angriff auf Holland sollten Lastensegler Luftlandetruppen über Fort Eben-Emael absetzen. Mit meinen Männern habe ich die Grenzbefestigungen reihenweise genommen und auch den Albert-Kanal – samt Brücken und Schleusen. Ich werde nie vergessen, wie nach dem harten Winter die Bäume im ersten Grün standen. Das sah verdammt nicht nach Krieg aus. Später bekam ich den Auftrag, Pläne für die Invasion in England auszuarbeiten. Ich schlug vor, die deutschen Fallschirmjäger in erbeutete britische Uniformen zu stecken – in Dünkirchen bekamen wir ja Tausende davon in die Hand. Unternehmen Seelöwe wurde abgeblasen, wie Sie alle wissen. Ich darf aber betonen, daß meine Männer die am besten ausgebildeten Einzelkämpfer sind und Unmögliches leisten, wenn die Voraussetzungen stimmen.« Im weiteren Verlauf stellte Skorzeny zwei Bedingungen. »Nun zu dem geforderten Einsatz. Erstens müssen wir wissen, wo das Wrack liegt. Dann brauchen wir zweitens ein

Flugzeug, das uns hin und wieder zurück bringt. Nicht mehr und nicht weniger.«

Damit hatten die Anwesenden gerechnet. Trotzdem hielt die Stille lang an, bis einer der Stabsoffiziere der Luftwaffe meinte, daß keine Maschine der entsprechenden Größe verfügbar sei, die mit Kufen auf dem Eis landen könne.

»Vor zwanzig Jahren hat Dornier diese wunderbare DO-X gebaut. Damit, oder mit seinem moderneren Modell, hätte es klappen können.

»Und die sechsmotorige BV 222?«

Akten wurden befragt.

»Ein Exemplar ist in Nahost eingesetzt, im Mittelmeer also, und die zweite Maschine liegt irgendwo auf der Werft von Blohm & Voss. Nicht einsatzbereit.«

»Und die VW-200 Condor?«

»Ist aus technischen Gründen am Pol nicht einsatzfähig und als Bomber zwecks Zerstörung des Wracks schon gar nicht.«

Skorzeny erkannte offenbar rasch, daß seine Mindestbedingungen nicht erfüllt werden konnten, und hinterließ die Telefonnummer des Hotels, in dem er erreichbar war.

Um irgend etwas zu unternehmen, startete von einem der nördlichsten deutschen Fliegerhorste nahe dem Nordkap ein DO-VIII-Flugboot. Das mit Dieselmotor ausgerüstete Flugboot besaß eine genügend große Reichweite. Zunächst flog es entlang dem 21. Längengrad, an dessen nördlichem Ende man das Objekt vermutete.

Die Wetterbedingungen wurden dermaßen schlecht,

daß die Besatzung darum bat, den Einsatz abbrechen zu dürfen. Dies wurde vom Fliegerführer Norwegen verweigert. Erst als es Schwierigkeiten mit der Vereisung gab, machte das Flugboot kehrt. Auf dem Rückflug glaubte der Beobachter, im Fernglas zwischen den Eisschollen der nördlichen Kara-See ein Ponton treiben zu sehen. Das Ponton war voll Wasser und trug eine rote Fahne mit Hammer und Sichel. Menschen waren nicht zu erkennen. Der Beobachter machte verschiedene Aufnahmen, die von der Luftbildauswertungsstelle Oslo als Rest der russischen Polexpedition erklärt wurden. Das war die ganze Ausbeute der letzten Fernaufklärung.

Immerhin wurde der Aufschlagpunkt des Raketenwracks immer genauer lokalisiert. Man vermutete ihn entlang dem 21. Längengrad, etwa hundertachtzig Kilometer südlich des Nordpols. Die Idee lag nahe, das Wrack bombardieren zu lassen und auf diese Art total zu zerstören. Wie sich jedoch ergab, fehlte es bei der Luftwaffe wieder einmal an dem passenden Flugzeug.

In dieser mehr als kritischen Situation kam einem Major der Luftwaffe die rettende Idee. »Meine Herren, uns ist doch eine notgelandete Boeing B 17 so gut wie unbeschädigt in die Hände gefallen. Sie steht auf dem Versuchsflugplatz in Rechlin und wird von unseren Piloten zu Forschungszwecken nachgeflogen. Wenn wir diese Fortress für unsere Zwecke nutzen, erfüllt das alle Bedingungen: Sie hat die nötige Reichweite, kann Bomben laden und trägt mit ihrer Originalbemalung eine vorzügliche Tarnung. Kein alliierter Jäger oder Flakkanonier wird eine eigene Maschine abschießen.«

Zur gleichen Stunde wurden von Rechlin die nötigen Prüfungsberichte angefordert. Sie kamen per Fernschreiben.

Luftwaffenerprobungsstelle Rechlin
Abteilung Beuteflugzeuge
Nachflug von B 17-Flying Fortress
Versuchspilot Dipl. Ing. Werner Reimers

Eines Tages im November bekam ich den Anruf, daß eine Boeing B 17 in Dänemark notgelandet war. Es hieß, sie sei flugklar. Ich holte sie nach Rechlin. Der Grund für die Notlandung war, daß die Luftschraubenverstellung eines Triebwerks ausgefallen war. Der Propeller stand auf Startstellung, was die Geschwindigkeit und Manövrierbarkeit der Maschine so beeinträchtigte, daß sie aus ihrem Verband ausscheren mußte. Ich versuchte, im Führerstand einigermaßen zurechtzukommen. Was mir sofort auffiel, war die andere Form der Gashebel. Sie hatte das Aussehen einer in der Mitte aufgeschnittenen Leiter. Die Motoren liefen sehr schnell warm und zeigten die weiche Gangart alliierter Flugzeugmotoren, die im Vergleich zu unseren mit hochwarmfesten Materialien gebaut werden. Bei 85 Meilen konnte ich die Maschine abheben. Sehr bald stellte ich ihre erstklassigen Flugeigenschaften fest. Im Höhenflug wurden die Motoren durch Abgasturbinen angetrieben, was der Maschine auch mit 10500 Litern Benzin an Bord einen erstklassigen Steigflug ermöglichte. Beim zweiten Flug hatten wir einen Motorbrand. Mein Mechaniker konnte jedoch durch Schließen des Brandhahns sofort die Benzinzufuhr stoppen. Ich erhöhte die Leistung, um im Vergaser die restliche Benzinmenge möglichst schnell zu verbrauchen. Am Boden stellten wir fest, daß etwas Sickeröl auf den heißen Turbolader getropft war, was zu dem Brand führte. Das Vorhandensein von Feuerlöschern konnte ich so schnell nicht feststellen.

Das Hauptfahrwerk ist sehr robust, das Bugradfahrwerk weniger. Eigentlich darf die B 17 nur von Betonrollbahnen gestartet werden. Die B 17 verfügt über eine erstklassige Dreiachsensteuerung und läßt sich auch in Bodennähe einwandfrei handhaben. Allerdings sind die Steuerkräfte im Quer- und Seitenruder etwas hoch. Unsere He 177 fliegt sich eleganter. Die B 17 war als Schleppflugzeug für Lastensegler besser geeignet als unsere eigene He 111, da sie stärkere Motoren hat. Schwierig ist es, mit den Instrumenten und der komplizierten Tankschaltung zurechtzukommen, da diese, wenn überhaupt, in Englisch beschriftet sind. Die Umstellung von Meter und Kilometer in Zoll, Fuß und Meilen muß vorher geübt werden. Die beste Leistung lieferten die Motoren in etwa neun Kilometer Höhe, wo ohne weiteres Höchstgeschwindigkeit erreicht werden kann. Das Flugzeug wurde mit zweiunddreißig Tonnen Betonbomben versuchsweise beladen, wobei eine Belastung der Tragfläche von etwa dreihundert Kilo pro Quadratmeter auftrat. Festigkeitsprobleme für die Zelle sind nicht vorhanden. Falls die Temperaturen zu hoch werden, besitzt die Motorenverkleidung einen Kühlerspreitzkragen, der geöffnet werden kann. Im Gleitflug muß dieser allerdings geschlossen werden, da die Motoren sonst zu stark abkühlen. Wie üblich, wird nach der Landung die Elektrik durch einen Hauptschalter un-

terbrochen. Das Flugzeug ist robust, hat eine hohe Reichweite und verdient, als einer der besten Beutebomber bezeichnet zu werden.

In größter Eile wurde die erbeutete B 17 einsatzklar gemacht. Voll betankt konnte sie die geplante Distanz von etwa 2500 Kilometern ab Nordkap in etwa sieben Stunden hinter sich bringen.

Das deutsche Personal kam mit dem Beuteflugzeug gut zurecht. Die Funker betätigten auch den sogenannten Transponder. Dieses Gerät machte auf Funkwegen den Engländern das Flugzeug als eigene Maschine kenntlich. Bald geriet die B 17 in das übliche diesige Wetter, das sich aber besserte, sobald Packeis unter ihr lag. Bei hellem Sonnenschein blieb die B 17 auf Kurs Richtung Nordpol.

Völlig unerwartet näherte sich von Westen her eine Gruppe amerikanischer Mosquito-Jäger der Maschine. Entweder sie vertrauten dem Transponder-Signal nicht, oder sie hatten eine anders lautende geheimdienstliche Information. Trotz originaler Bemalung sowie britischem Hoheitszeichen und obwohl es sich einwandfrei um eine B 17 handelte, eröffneten die Jäger das Feuer.

Die B 17 zu bewaffnen und die Besatzung daran auszubilden, darauf hatte man wegen Zeitmangels verzichten müssen. So griffen die Mosquitos den abwehrlosen viermotorigen Bomber an. Mit allem, was sie hatten, schossen sie in seinen Rumpf und die Tragflächen, wo sich hinter den Motoren die Tanks befanden. Die B 17 fing nicht einfach Feuer, sondern explodierte noch in der Luft.

Was tausend Meter weiter unten auf dem Eis aufschlug, waren nur noch Trümmer aus Stahl und Aluminium.

Der Funker hatte noch einen Notruf absenden können, was allerdings wenig nützte.

»Vermutlich«, sagte einer der enttäuschten Luftwaffenoffiziere, »hat man von der B 17 ein Erkennungssignal gefordert, und sie konnte es nicht beantworten.«

»... oder falsch«, fügte ein anderer hinzu.

Die deutschen Kommandostellen waren wieder so ratlos wie am Anfang der Operation, wie zu Beginn der Raketenaffäre. Alles blickte nun auf die Admiräle der Marine, als könnte von dort eine Lösung kommen.

15

Befehlshaber der U-Boote
Lager Koralle / Berlin

»Wir haben keine Amphibienschiffe«, erwähnte Dönitz noch einmal, »und Flugzeugträger schon gar nicht.«

Der sonst eiskalte Admiral war mit seinen Nerven am Ende. Minuten vorher hatte er noch ein Telefongespräch mit dem Führerhauptquartier gehabt, in dem er aufgefordert wurde, jetzt, nach Versagen aller Waffengattungen, äußerste Anstrengungen zu unternehmen, damit das Raketenwrack nicht in die Hände der Alliierten fiel.

Unter so starkem Druck begann sich der Mann mit dem Elefantengedächtnis an eine bestimmte Sache zu erinnern, und zwar handelte es sich um die Meldung eines U-Boots, die damals, als sie einging, zwar seine Beachtung, aber auch seine Mißbilligung gefunden hatte.

Tief über den Kartentisch gebeugt, wandte er sich an seinen Adjutanten. »Suchen Sie mir alle Berichte heraus, die von *U-136* und Korvettenkapitän Lützow stammen.«

»Das sind Tausende von Akten« erwiderte der Kapitänleutnant.

»Dann trommeln Sie eben Tausende von Helfern zusammen, verdammt noch mal«, forderte der BdU. »Ich brauche die Unterlagen, und zwar sofort.«

Einem Mann wie ihm war es schon immer leicht gefallen, den Druck, den er von oben bekam, nach unten weiterzugeben. Ein erfahrener Soldat wie der U-Boot-Chef wußte natürlich genau, daß es auch um seinen Kopf ging. Also handelte er. Er wirkte grau im Gesicht. Grau wie grober Granit. Seine Bewegungen waren fahrig. Die ständigen Mißerfolge hatten ihn immer mehr deprimiert und niedergeschlagen. Das neue britische Radargerät machte es möglich, seine aufgetaucht fahrenden U-Boote sogar bei Nacht zu finden und zu bombardieren. Das Ergebnis im letzten Monat stand fünfundzwanzig zu Null. Mit hohen eigenen Verlusten kein einziger Treffer. Er brauchte unbedingt Erfolge.

Die Akte *U-136* lag vor ihm. Müde ließ er von seinen Adjutanten das Wesentliche zusammenfassen.

Der Kapitänleutnant begann: »Lützow, Kommandant von *U-136*, ging gewöhnlich nie einem Kampf aus dem Wege. Bei einer Operation im nördlichen Nordatlantik fühlte er sich jedoch von der halben britischen Eismeerflotte verfolgt und hatte Schwierigkeiten mit dem Torpedorechner. Bedrängt und vor die Wahl gestellt, sich in die Tiefe bomben zu lassen, sah er nur noch eine Möglichkeit, Boot und Besatzung zu retten, und zwar durch den Versuch einer Flucht unter das Packeis.«

Der Admiral unterbrach ihn. »Was ihm ja auch als erstem U-Boot gelang. Wie weit fuhr er hinein?«

»Seine Batteriekapazität war nach wenigen Stunden erschöpft. Die VII C-Boote müssen bei Marschgeschwindigkeit der E-Maschinen nach vierzig Seemeilen auftauchen, um die Akkus zu laden. Die Fahrt Lützows war wie durch eine Tropfsteinhöhle, meist in Dunkelheit und Schwärze. Unter sich hatte er fünftausend Meter eisige Tiefe, über sich unregelmäßig geformtes Eis, manchmal einen grauen Fleck, wo es dünner war. Entschlossen durchbrach er so ein Atemloch, lud mit Diesel die Batterien auf und schickte sich zur Rückkehr an. Dies in der Hoffnung, die Engländer hätten die Suche nach ihm aufgegeben. Und er behielt recht.«

Der Admiral machte einen Einwand: »In seinem Bericht nennt Lützow als wichtigstes Instrument den Turmscheinwerfer. Ohne ihn hätte er sich unter der chaotisch geformten Eisdecke nicht zurechtgefunden. Bei Ausfall hätte er nur in die Tiefe tauchen können. Sollte es je wieder versucht werden, unter das Eis zu gehen, braucht man also einen zweiten Scheinwerfer.« Plötzlich wechselte der Admiral das Thema. »Wie viele Meilen sind es von der Packeisgrenze bis zur mutmaßlichen Lage des Raketenwracks?«

»Etwa einhundertzwanzig Meilen, Herr Admiral.«

»Das ist die äußerste Strecke, die ein Typ XXI ohne den Akku nachzuladen fahren kann.«

»Unter normalen Bedingungen«, schränkte der Adjutant ein. »Mit der Navigation steht es besonders schlecht. Der Magnetkompaß von Lützow fiel in Polnähe ganz aus, und auf den Kreisel war kein Verlaß. Der tanzte nur noch herum.«

Der Admiral mußte ihm beipflichten. »Wie ein

Boot unter dem Eis Kurs halten will, ist mir bei der derzeitigen Technik ein Rätsel.«

»Wie ich hörte, ist in der Versuchsanstalt der Luftwaffe ein Gyrokreisel im Versuch, ein Kreisel, der mit Preßluft auf 30 000 Umdrehungen gebracht wird und sich in einem Kardangelenk parallel zur Erdachse einrichtet. So läßt sich durch elektrische Übertragung auch Kurs steuern.«

»Das wäre die Lösung.«

»Aber das Ding ist noch im Versuch, Herr Admiral.«

Ganz gegen seine Gewohnheit fluchte Dönitz. »Verdammt, warum erzählen Sie mir das dann? Ein Versuchsgerät rücken die doch nie raus. Und wie sollte man das so schnell zum Einsatz bringen?«

Nach langem Nachdenken äußerte er endlich seine Absicht, wegen ihrer Tragweite aber sichtlich mit schlechtem Gewissen. Er holte tief Luft und wurde ziemlich laut. »Wenn wir es also wagen, müßte ein Boot bei 85 Grad Nord unter das Eis tauchen und auf etwa 87 Grad Nord das Wrack zu finden versuchen.«

Der Adjutant schwieg betreten. Was der Admiral hier äußerte, diese Idee konnte zwar den Auftrag des Oberbefehlshabers erfüllen, aber bestenfalls zu einem Prozent. Die restlichen neunundneunzig waren reines Selbstmordkommando.

Das schien der BdU zu wissen. Mehr zu sich selbst murmelte er: »Wie sagte doch schon der italienische Dichter Dante in seinem Inferno?

Oben auf unserer Erde
Schwimmt eine weiße Kappe
Aus Eis.

Dort und nur dort
Wird man die Hölle finden.
Und die Hölle ist kalt.«

Mit einer ruckartigen Kraftanstrengung hob der BdU dann sein hageres Gesicht und sagte: »Lassen Sie die Befehle ausarbeiten.«

16

Frachtdampfer Normenholm
Heimathafen Göteborg

Der Dreitausendtonner, der aus Schweden spezielle Aluminiumplatten und rostfreien Stahl nach Peenemünde geliefert hatte, lief jetzt zwischen Esbjerg und Kap Ryvingen auf das Skagerrak zu. Nach stürmischen Tagen im offenen Atlantik nahm er direkten Kurs auf Island und Spitzbergen. Als Neutraler gekennzeichnet, hatte er keinerlei Angriffe, sei es aus der Luft oder von unter der See, zu fürchten. Drei Tage nach dem Auslaufen ließ der Kapitän den Flüchtling Dirk Lohner zu sich kommen. Es wurde ein kurzes Gespräch.

»Abgesehen davon, daß man mir mein Gewissen schwer beschädigt hat, muß ich jetzt wenigstens nicht mehr am Hungertuch nagen. Jetzt zu Ihnen, Matrose Lohner. Sprechen Sie Schwedisch?«

»Nein.«

»Englisch?«

»Kaum, wie Sie ja merken, Kapitän.«

Der Alte brauste auf. »Was dann, verdammt noch einmal? Wo kommen Sie denn her?«

»Aus Norddeutschland, von einem Nest an der Küste.«

Da schien der Kapitän eine Erleuchtung zu haben. Seine Miene hellte sich auf. »Spricht man dort nicht Platt?«

Dirk nickte.

Mit der flachen Hand schlug der Kapitän auf die Back und entschied: »Dann sind Sie von jetzt ab Holländer. Sie sehen ja auch aus wie einer. Für den Fall, daß wir irgendwie einmal kontrolliert werden.«

Möglichst ohne aufzufallen, ordnete sich Dirk Lohner in die Arbeit auf dem Dampfer ein. Sie bestand aus Pönen, Rostklopfen, Deckschrubben, Reinschiff machen.

»Auch die Ecken, Mann!« schrie ihn der Dritte Offizier an. »Kein Gammel, verstanden!«

Dirk half auch in der Kombüse. Hauptsächlich beim Kartoffelschälen. Unfaßbar, was Schweden an Kartoffeln wegputzten. Zur Essenszeit backte er im Mannschaftslogis auf. Servieren, abräumen – dreimal am Tag. So ging es immer roundabout. Dazwischen abspülen, Wache schieben. Das Wacheschieben war sehr ermüdend. Meist waberte ringsum nur Dunst, daß die Augen tränten. Bald kamen sie ins Eis.

Der Dampfer nahm schon Kurs Spitzbergen, als Dirk vorne am Bug Wache schob, um größere Eisschollen zu melden. Plötzlich krachten Detonationen vom Kiel her und von allen Seiten, als säße er mitten in einem Feuerwerkskörper. Ein fürchterlicher Stoß von unten schien ihm schier die Ferse in die Kniekehle zu rammen und machte ihn taub. Dabei flog er in weitem Bogen über Bord. Zum Glück nicht auf harte Eisschollen, sondern in die Nähe eines Rettungsfloßes, eine Art viereckigem Schlauchboot. Das Wasser war von tödlicher Kälte.

Während er hinter sich den Dampfer versinken sah, versuchte Lohner, seine Gedanken zu ordnen. Was war da geschehen? Entweder ein Torpedo – aber woher kam der? – oder eine Treibmine. Die schwammen allerdings von überall her. Es gab kaum etwas, wovor sich neutrale Schiffe mehr fürchteten als vor Treibminen.

Stundenlang trieb Dirk Lohner auf dem Rettungsfloß dahin, bis sich allmählich der Schock zu lösen begann. Dafür kam jetzt die Kälte. Und mit ihr näherte sich das Ende.

17

Nahe Spitzbergen
Auf See

Nach dem dröhnenden Alarmsignal, das so eingerichtet war, daß es Fleisch vom Knochen trennte, jumpte Korvettenkapitän Bender auf die Brücke.

»Geräusch aus 14 Uhr«, meldete der II WO.

Da sie Nordkurs liefen, war das etwa in 35 Grad. Bender ließ sich ein Glas geben, suchte den Horizont ab, konnte aber nichts erkennen.

»Hörte sich an wie die Explosion nach einem Torpedotreffer, Herr Kapitän.«

»Hagemann kann es nicht sein, der operiert in entgegengesetzter Richtung auf den Geleitzug. Müssen wir wohl oder übel nachsehen.«

Bender nannte dem Rudergänger den neuen Kurs und sagte zu dem LI: »Laufen Sie Umdrehungen, die bei dem Wellenschaden noch zu verantworten sind.«

Das Boot vibrierte stark bis zu den Spanten.

Nach einer Stunde etwa sahen sie erste Wracktrümmer auf der bewegten See schwimmen. Abfall,

Konservendosen, Obstkisten, Körperteile. Später auch ein Rettungsfloß. Das mußte bei der Explosion über Bord geschleudert worden sein, so wie es bei diesen Geräten gedacht war.

In dem schwarzen Gummiviereck kauerte ein Mann, dessen Kopf auftauchte, nachdem der Suchscheinwerfer des U-Boots sein Floß erfaßt hatte.

Bender fuhr so nah wie möglich heran und rief mit dem Megaphon hinüber: »Wollen Sie an Bord oder lieber absaufen?«

Der Mann auf dem Rettungsfloß verstand Deutsch und ließ sich aufnehmen. Er sprang, und sie halfen dem fast Erfrorenen an Deck.

Normalerweise gab es einen Befehl, keine Schiffbrüchigen zu retten. In diesem Fall jedoch mußte Bender durch Verhör ermitteln, was geschehen war.

Der Schiffbrüchige, ein blonder Matrose, nicht besonders stämmig, etwa Mitte zwanzig, wurde unter Deck gebracht. Sie gaben ihm Schnaps zu trinken, eine gewärmte Decke und trockene Klamotten. Beim des Auftauen schlotterte er.

Während das Boot wieder auf den alten Kurs ging, um der Entwicklung eines weiteren Geleitzugs zu folgen, nahm sich Bender den Schiffbrüchigen vor. »Name des Schiffes?«

»Dampfer *Normenholm* aus Göteborg«, antwortete der Mann bereitwillig.

»Was führte zu der Explosion?«

»Wohl eine Treibmine, Herr Kapitän.«

»Wo kommen Sie her, wo laufen Sie hin?«

»Von der Halbinsel Usedom nach Spitzbergen, um Kohle zu laden.«

»Was machten Sie in Usedom?«

»Wir brachten Aluminiumbleche nach Peenemünde.«

»Und Ihr Name?«

»Dieter Lohner.«

Bender fiel auf, daß irgend etwas an dem Mann nicht stimmen konnte. Der Schiffbrüchige verstand zu gut Deutsch. Außerdem hatte sein Deutsch Küstenklang.

»Sind Sie schwedischer Matrose?«

»Aus Uppsala, Herr Kapitän.«

Jetzt gab es ihm Bender. Erbost rief er: »Belügen Sie mich nicht, Junge!«

Das schien den Burschen, der ohnehin mit den Nerven am Ende war, wie ein Schlag zu treffen. Mühsam nach Worten suchend, gab er zu, Deutscher zu sein, und erzählte eine wirre Geschichte. Angeblich gehörte er einer evangelischen Sekte an, den Bibelforschern, die von den Nazis verfolgt wurden. Vor die Aussicht gestellt, ins KZ zu gehen, war er über die Ostsee nach Schweden geflohen.

»Für uns gibt es nur einen Gott. Wir dürfen keine anderen Götter neben ihm haben«, begründete er sein Verhalten.

Bender unterbrach seinen Redeschwall. »Was sind Sie von Beruf?«

»Uhrmacher, Herr Kapitän.«

»Und da fanden Sie in Schweden keine bessere Stellung als die eines Hilfsmatrosen?«

Wieder kam eine neue Erklärung, die wie eine Ausrede klang. »Ich bin auch Chronometermachermeister«, sagte der deutsche Schiffbrüchige. »Sollte die Uhren auf schwedischen Schiffen in Ordnung bringen.«

Spöttisch bemerkte Bender dazu: »Dann können Sie ja auch unsere Uhren überholen, denn an Land setzen werde ich Sie vorerst nicht.«

Lohner wurde kleinlaut. »Wann etwa?«

»Das kann Monate dauern.«

Der Schiffbrüchige, der angeblich aus Angst vor Verfolgung aus dem Reich ins Ausland geflohen war, bekam heiße Suppe, die er gierig löffelte. Er schien froh zu sein, daß alles so glimpflich abgelaufen war.

Wenig später brachte der Funker eine Meldung. »U-Hagemann meldet Kontakt mit dem Geleitzug, Herr Kapitän.«

Vielleicht holt er sich doch noch den Halsorden, dachte Bender, den Miriam sosehr wünschte.

Long John Hagemann war während der vier Jahre, bevor er aufs Gymnasium kam, Benders Schulkamerad gewesen. Gleichzeitig mit ihm war Hagemann später bei der Kriegsmarine als Offiziersanwärter eingetreten. Beide gehörten sie der Crew 10/36 an. Ohne voneinander zu wissen – sie verloren sich schnell aus den Augen –, waren sie zur U-Boot-Waffe kommandiert und im Lauf der Jahre zum Kapitänleutnant befördert worden. Nur hatte Bender – ehrgeizig wie er war –, um aus der sozial niedrigen Schicht, in die er geboren wurde, herauszukommen, eine Menge mehr Konvoidampfer versenkt. Automatisch hatte er das Ritterkreuz erhalten.

Erstklassige Leute wie ihn wollte man nicht einfach im Kampf verheizen, sondern sie sollten ihre Erfahrungen an nachwachsende U-Boot-Offiziere weitergeben. So war Bender Taktiklehrer auf der U-Boot-Schule in Stralsund geworden. Dort hatte ihn eines Tages die Einladung erreicht. Hagemann heiratete also die dunkelhaarige Notarstochter Miriam Ludwig. Sie war die enge Freundin von Marion König aus der Blumenzwickelclique. Vielleicht bekam er Urlaub. Auf jeden Fall hatte Bender für eine Woche eingereicht.

18

Gezeitenwechsel

Ein heißer Sommer war das 1942 gewesen. Unna lag wie ausgestorben. Noch Schulferien. Die jungen Männer über siebzehn waren längst beim Militär, die Mädchen nach dem Abitur dienstverpflichtet.

Wie jedes Jahr in den Augustwochen hatten die Königs die Stadt verlassen, etwa fünfzig Kilometer weiter nach Osten zu ihrem Gestüt im Arnzberger Wald. Einmal am Tag klingelte es dort. Wenn Besuch kam. Meist nur die Briefträgerin. Sie hatte einen Packen Post. Die Briefe wurden immer auf dem Kaminsims in der Wohnhalle unter dem Bild des Firmengründers deponiert.

Marion, den ganzen Tag mit Pferden unterwegs, kam abends müde nach Hause.

»Post für dich«, rief ihre Mutter.

»Meinetwegen. Mir egal.«

Es interessierte sie nicht wie so vieles andere auch. Ihre Mutter machte sich Gedanken. Irgend etwas war mit Marion nicht in Ordnung. Sie wirkte schweigsam, in sich gekehrt. Sie vernachlässigte auch ihr Äußeres. Das war ihrer Mutter als erstes aufgefallen.

»Was ist los mit dir? Den ganzen Tag in den stinkenden Pferdeklamotten.«

»Laß mich in Ruhe, bitte.«

Die Veränderung ihrer Tochter bereitete Gerlinde König ernsthafte Sorgen. »Bist du verliebt?« fragte sie wie nebenbei.

Das schien Marion fast zu empören. »Ich doch nicht!«

»Unglücklich?«

»Weder noch.«

»Du läßt dich gehen. Wann hast du das letzte Mal gebadet?«

»Wen kümmert das?«

»Also hoffnungslos verliebt auch noch«, stellte die Mutter fest.

»Unsinn.«

Doch Gerlinde König, eine immer noch stramme Schwäbin, ließ nicht locker. »Was macht dein Verehrer?«

»Welcher?«

»Na, der besonders Hartnäckige.«

»Meinst du etwa diesen asozialen Bender?«

»Der soll es ja zu was gebracht haben.«

»Von mir aus ...«, sagte Marion kurz, beinahe böse.

Da stemmte die Mutter beide Hände in die Hüften, was immer bedeutete, daß sie scharf reagieren würde. »Deine Vorfahren waren auch mal Leibeigene, mein Kind«, erinnerte sie. »Lumpensammler.«

»Das ist tausend Jahre her«, bockte Marion zurück.

Doch ihre Mutter war hellhörig geworden. »Er gefällt dir also.«

»Der doch nicht«, tat Marion es ab. »Er ist ungebildet, schlecht erzogen, keine Umgangsformen. Außerdem ...«

»Außerdem was?«

»Er war Schlosser, schraubte an Autos rum.«

»Dachte, er schaffte das Abendabitur.«

»Na, was schon?«

»Und jetzt ist er bei der Marine so wie Hagemann. Er wurde Offizier.«

»... selbst wenn er Admiral wäre.«

Der Ton in Marions Stimme war nicht genau zu definieren.

Beharrlich führte die Mutter das Gespräch weiter. »Bei den U-Booten.«

»Ist doch völlig egal, wo.«

Die Mutter hatte das Gefühl, als habe dieser Bender ihre Tochter schon mächtig beeindruckt. Sie kannte ihn nicht näher, sagte aber: »Ich glaube, er ist eine ehrliche Haut.«

»Dafür kann man nichts kaufen. Das ist kein Grund, um sich zu verlieben.«

»Es gibt ja auch Haßliebe.«

»Ja, wunderbar, Mutter, wie im Roman. Haßliebe soll ja besonders schön sein.«

Marions Mutter glaubte, daß das Gespräch nichts mehr bringen würde. Sie wollte schon in die Küche gehen, um Anweisungen für das Abendessen zu erteilen, fragte dann aber noch: »Was macht dein dänischer Verehrer?«

»Bier.«

»Eine sehr gute Familie. Und was tut er sonst?«

»Dick werden. Bleib mir weg mit dem, bitte. Schon zum Frühstück stopft er Schmalzbrote, dick mit Rohwurst belegt, in sich hinein. Dazu trinkt er einen Liter Starkbier. Oder noch mehr. Er mästet sich wie ein Schwein.«

»So macht er dich früh zur Witwe.« Ihre Mutter deutete zum Kamin. »Hast du die Post gelesen?«

»Ja, den Brief von Miriam.«

»Wie geht es ihr?«

»Sie will heiraten, als ob es nichts Besseres zu tun gäbe.«

»Ja, zum Beispiel studieren. Und was tust du, bitte? Nichts. Rumgammeln. Fährst du zu der Hochzeit?«

»Wozu?«

Da gab ihr die Mutter noch einen freundschaftlichen Rat: »Wenigstens duschen solltest du gelegentlich mal wieder.«

Hagemanns Vater war noch immer Bergwerksdirektor in Unna. Er bewohnte dort eine großräumige Werksvilla. Der Brautvater, Dr. Ludwig, Anwalt, Notar und inzwischen ein hohes Tier beim Rundfunk, organisierte eine fünfzehnköpfige Tanzkapelle. Mit Erlaubnis von oben spielten sie sogar Swingmusik von Miller über Goodman bis Duke Ellington.

Auch für Curt Bender wären es ein paar unbeschwerte Tage geworden, wenn am Polterabend nicht dieses strahlend schöne Weib aufgetaucht wäre. Immer, wenn sie einen Raum betrat, war irgend etwas wie vergoldet, und alle blickten auf sie. Natürlich hatte Miriam ihre Busenfreundin Marion König als Gast gebeten, wie Hagemann seinen alten Freund Bender als prominenten Ritterkreuzträger. Wohl ein bißchen, um sich zu schmücken.

Die blonde Marion sah exzellent aus wie immer, trug ein berauschendes cremefarbenes Kleid, vermutlich aus Paris, das an der Schulter nur durch zwei schnürsenkelschmale Träger gehalten wurde. Wertvoller Schmuck glänzte auf ihrem Dekolleté.

Im Gegensatz zu ihrer Schönheit stand der Fettkloß in ihrem Gefolge. Hagemann flüsterte Bender etwas zu. »Der Bursche heißt Hakkinen oder so ähnlich. Dänischer Biererbe. Größte Brauerei Skandinaviens.«

»Darunter tut sie es ja wohl nicht«, bemerkte Bender bitter.

»Vermögen ist wichtiger als Aussehen«, ergänzte Hagemann, »bei Damen von Welt.«

Später, als die Tanzerei begann, entdeckte Marion ihren ehemaligen Verehrer. Ihr Sektglas war leer. »Holst du mir etwas zu trinken, Curt?«

»Ich arbeite hier nicht als Kellner, Gnädigste«, erwiderte er höhnisch.

Der dicke Popanz neben Marion trank sowieso lieber Bier.

Im Lauf des Abends versuchte Marion immer wieder, sich Bender zu nähern. Obwohl Bender ihr auswich, erwischte sie ihn zum Tanzen. Es war ein langsamer Foxtrott, bei dem er sich nicht sonderlich bewegen mußte, nur von einem Bein auf das andere.

Sie schnippte mit dem Finger an seinem Ritterkreuz, daß es schaukelte. »Wie kommt man zu diesem Blech am Hals?«

»Mittels eines Untersee-Bootes.«

Sie beugte sich zurück, daß er den Druck ihrer Hüften spürte, und lachte. »So einfach?«

Todernst erwiderte er: »Noch einfacher. Man fährt raus. Wenn man Lust hat, taucht man ein bißchen unter.«

»Und dann wieder auf.«

»Man genießt die Sonnenaufgänge. Im Boot ist es warm und gemütlich, das Essen prima – wird sogar am Tisch serviert. Manchmal schiebt man so ein rundes, längliches Ding in ein Röhrchen und bläst das Torpedochen mit Schmackes raus. Dann Musik, trallala. Hat man genug vom Seepanorama, fährt man wieder heim. Dort warten schon hübsche Mädchen mit Blumen. Man bekommt Orden und Urlaub. Aber leider«, er seufzte betont, »kommt dann meistens jemand und stellt saudumme Fragen. Wie ist es denn auf so einem U-Boot? Ja, Madame, und genau so ist es auf einem U-Boot.«

Er spürte, wie sich ihr Körper versteifte.

»Du nimmst mich niemals ernst, Curt.«

»Leider habe ich dich immer zu ernst genommen, Gnädigste.«

Ein lauter Schlußakkord mit Saxophonen und Trompeten. Die Musik war aus. Der Tanz auch. Zunächst war er froh darüber, doch Marion hielt ihn fest bis zum nächsten.

»Ich liebe Tango«, sagte Marion.

»Ich kann keinen Tango.«

»Den kann doch jeder. Zwei kleine, ein großer Schritt.«

»Asoziale haben kein Geld für die Tanzschule«, entgegnete er.

Das schien sie wenig zu stören. Sie wechselte rasch das Thema. »Mein Verlobter hat für mich morgen eine ganze Theatervorstellung aufgekauft. Es gibt die Operette ›Glückliche Reise‹. Darf ich dich dazu einladen?«

Rasch log er sich etwas zusammen. »Danke, ich habe schon eine Kinokarte.«

»Muß ein wichtiger Film sein.«

»Ja, ›Die Hochzeitsbräuche der roten Waldameise in Hinterindien‹.«

»Na, dann«, sagte sie, hob die Schultern und ging.

Das war offenbar doch zuviel gewesen.

Am Hochzeitsmorgen ging Hagemanns Mutter, eine immer noch sehr spanisch aussehende Fünfzigerin, auf Bender zu und rief: »Erinnern Sie sich, Herr Kapitänleutnant, an Johns letzten Geburtstag? Da haben Sie mit seinem Luftgewehr Bolzen in die Torte geschossen. Tun Sie das auch heute noch?«

»Eigentlich arbeite ich nur noch mit Torpedos«, erwiderte Bender. »Wenn man die in Torten schießt, flutscht es nicht so schön, Madame.«

Wie auch am Polterabend versuchte sich Marion immer wieder an ihn heranzumachen. Sie war wirklich berauschend schön, trug jetzt ein Kleid aus himmelblauer, mit Pailletten bestickter Seide. Alles von oberhalb der Brüste und der Rücken bis zum Poansatz waren frei. Um den Hals trug sie eine Kette mit den dicksten Orientperlen, die Bender je gesehen hatte.

Doch irgendwann beim Tanzen war diese Kette plötzlich verschwunden. Das Fest wurde extra unterbrochen. Alles begann, nach der Kette zu suchen, unter Tischen, Möbeln, Sesseln. Bender sah die Perlen dicht am Podium liegen, wo die Musiker saßen. Ein Notenblatt war darauf gefallen und verdeckte sie.

»Sie gehört meiner Mutter«, jammerte Marion. »Sie ist hunderttausend Mark wert.«

»Dein Vater wird es dir vom Erbe abziehen«, lästerte Bender.

Brav hatte er sich an den Rat seiner Großmutter gehalten: Tu nichts Gutes, es könnte böse enden. Also leistete er keine Hilfestellung.

Der Tag endete auch ohne den Rat seiner Großmutter nicht sonderlich gut. Am Morgen nach der Hochzeit beim Frühstück begannen sich die Gäste zu verabschieden. Marion reichte Bender die Hand. Er nahm sie nicht, um sie nicht küssen zu müssen.

Lächelnd überging sie es und sagte: »Versuch, keine Dummheiten zu machen, Curt mit C.«

»Du bist ja wohl schon dabei. Wann heiratest du diesen Bierpisser?«

»Bald«, reagierte sie schnippisch. »Demnächst.«

Er zögerte, und sie sagte: »Kein aufmunterndes, kein liebes Wort von dir?«

In seinem Gesicht bewegte sich kaum ein Muskel. »Bei mir gibt es keine lieben Worte, und es wird auch nie eine Liebeserklärung geben. Bei mir wäre jede Liebeserklärung ja doch nur eine Kampfansage. Aber ich wünsche dir trotzdem etwas, Marion König – nämlich von Herzen alles Schlechte.«

In ihrer Betroffenheit sagte sie nur noch: »Danke.«

»War mir ein Vergnügen.«

Damit drehte er sich um und ließ sie einfach stehen.

Draußen im Park fing ihn Hagemann noch einmal ab. »So habe ich Marion noch nie gesehen. Sie war den Tränen nahe. Was hast du mit ihr gemacht?«

Bender lachte unecht. »Warum heult sie, wenn sie demnächst heiratet?«

»Wen?«

»Diesen Bierfritzen aus Kopenhagen.«

Hagemann lächelte kopfschüttelnd. »Marion wird nie heiraten. Erst recht nicht diesen Fettkloß, diesen Protoplasmahaufen.«

»Wen dann?«

»Einen anderen.«

»Hat sie noch einen in Reserve? Das sieht ihr ähnlich. Und wer soll der Glückliche sein?«

»Dreimal darfst du raten«, sagte Hagemann.

19

Polwärts

Der Vizeadmiral Paul Osterman von der US-Navy hatte an zwei Weltkriegen teilgenommen. Eine seiner Standarderkenntnisse lautete: »Zwangsläufig kommt es unter Gegnern im Krieg zu ähnlichen Problemlösungen. Deshalb bereiten wir uns darauf vor, am Pol ein Sonderkommando abzusetzen, bevor die Deutschen da sind.«

Ein hoher Luftwaffen-Colonel erklärte, daß große Radflugzeuge oder selbst solche mit Kufen auf dem Eis nicht landen konnten, ohne einzusacken und sich zu überschlagen.

»Das geht also nicht. Aber was, bitte, würde funktionieren?«

»Wir wählen als Transportmittel ein Flugboot. Das gleitet mit seinem Rumpf schiffartig über Eis und Schnee.«

»Haben Sie was Passendes?« fragte Osterman mechanisch.

»Es bieten sich einige Typen an, Herr Admiral. Unter anderem die viermotorige Boeing 314, der Yankee-Clipper, der den Passagierdienst Lissabon – New York bisher bedient hat. Dieses Flugzeug besitzt jedoch einen gravierenden Nachteil – es ist unbewaffnet.«

Ausreden schätzte der Admiral wenig. »Und was haben Sie beschlossen?«

»Wir nehmen die Sunderland. Sie ist ebenfalls viermotorig, ein mächtiges Ding, dreißig Meter lang, haushoch, eingerichtet für zehn Passagiere. Sie kann zweitausend Kilo Bomben im Waffenschacht mitnehmen, besitzt schwere Maschinengewehre in Gondeln.«

»Der Platz reicht für zehn voll ausgerüstete Einzelkämpfer«, fügte ein Offizier der Marineinfanterie hinzu.

Der Navy-Colonel machte noch weitere Ausführungen. »Die Sunderland ist auf Ziele bis 4800 Kilometer Entfernung einsetzbar. Am Cumberley-Sund in Nordkanada laufen bereits Versuche auf Eis- und Schneeflächen.«

»Ergebnis?« drängte der Admiral.

»Zwar wurden bei der Landung die Bodenbleche und der Kiel eingebeult«, erklärte einer der Techniker, »aber mit der Kraft ihrer vier Sternmotoren – sie verfügen über nahezu 5000 PS – brachte die Sunderland ihre dreißig Tonnen immer wieder in die Luft.«

»Wie viele Maschinen sind verfügbar?«

Auch die nächste Auskunft klang befriedigend. »Unter den verfügbaren, einsatzbereiten Maschinen haben wir ein mustergültiges Exemplar ausgewählt. Es hat nur neunhundert Flugstunden absolviert. Für den einmaligen Einsatz am Pol ist es bereits vorbereitet, das heißt Motorvorwärmung, Klarsichtfolien an den Fenster und genügend Frachtraum für das, was von den Männern an Waffen und Sprengmitteln und zum Überleben benötigt wird.«

In der dritten Oktoberwoche gingen die Soldaten des Kommandounternehmens Nordpol nachts heimlich an Bord der Sunderland. Mit zusätzlichem Treibstoff nahezu überladen, hob sich der mächtige Vogel nordwestlich Neufundland mühsam aus der See. Nach meilenlangem Start kam er endlich vom Wasser frei. Unterwegs erhielt die Sunderland den Funkbefehl, noch einmal in Thule auf Grönland zu landen. Die Operationsabteilung bestand darauf. Niemand wußte genau, warum. Doch auf dem Seeflughafen in Thule ließ ein Luftwaffen-Colonel das Ungetüm erst aufs Trockene ziehen, ehe er den Grund nannte.

»Mit diesem silbernen Stern von Rio ist so ein Einsatz nicht zu machen.«

»Und wie wäre die Tarnfarbe am Nordpol?« fragte der Erste Pilot spöttisch.

»Die Farbe der Eisbären und Polarfüchse, ein schmutziggraues Weißgelb.«

»Sandfarben also«, stellte der Pilot klar.

»Nein, eisbärfarben.«

»Also wie die Polarfüchse? Aber die haben einen buschigen Schwanz.«

»Die Sunderland ja wohl auch, nur weniger haarig.«

Zum Glück war es ein trockener Tag. Eine zwölfköpfige Malermannschaft machte sich über das riesige Flugboot her. Im Akkord pinselten sie das dreißig

Meter lange, fünf Meter hohe Flugschiff von Aluminium in einen matten Saharaton um.

»Schon ein Witz, daß am Pol dieselbe Farbe tarnen soll wie in der Wüste«, meinte einer der Arbeiter.

Die ganze Nacht über pönten sie bei Scheinwerferlicht.

»Aber verdammt nochmal nicht die Cockpitverglasung und die Scheiben der MG-Türme!« schrie der Einsatzoffizier nach oben.

Einer fragte: »Und die Propeller, Sir?«

»Die drehen sich. Die sieht man sowieso nicht. Wenn man sie sieht, dann stehen sie. Dann ist es ohnehin aus und egal.«

Der Morgen graute.

Kaum war die Farbe staubtrocken, begab sich das runde Dutzend der Einzelkämpfer samt Ausrüstung wieder an Bord. Die Sunderland startete zu ihrem fünftausend Kilometer langen Flug bei Sonnenschein.

Nach sechs Stunden mit Kurs Nordost hatte sie das ewige Eis unter sich, eine Landschaft von furchterregend großartiger Schönheit. Auf die Kompasse war kein Verlaß mehr. Außerdem kam Sturm auf. Mit orkanartiger Geschwindigkeit wirbelte er Schnee- und Eiskristalle hoch, daß nicht einmal der helle Punkt der Sonne tief am Horizont zu sehen war.

»Noch dreihundert Meilen bis zum nördlichsten Punkt der Erde«, rechnete der Navigator.

Der Zweite Pilot trat zum Funker. »Haben Sie den Peilton?«

Ein weiterer Mosquitoaufklärer hatte nahe dem Wrack einen Peilsender abgeworfen, nach dem sie sich orientieren sollten.

»Noch kein Peilton, Sir«, bedauerte der Funker, die Kopfhörer über den Ohren.

»Verdammt, wir fliegen schon dauernd im Kreis rum«, fluchte der Pilot.

Rasch wurde die Sicht so schlecht, daß man weder den Horizont ahnen konnte noch den Boden. Es wurde reiner Blindflug nach Instrumenten. Doch eines war klar: Sie mußten herunter und landen, um die Sunderland nicht zu riskieren. In wenigen Metern Höhe schwebten sie über der Eisdecke dahin. Unten sah es rauh aus, wie ein Haufen Zuckerwürfel. Sie bewunderten die Menschen, die es je gewagt hatten, mit Schlitten diese Wildnis zu durchqueren. Das Eis war aus mehr oder weniger großen Platten und Schollen zusammengepreßt. An manchen Stellen fügten sich die Teile aneinander und bildeten eine feste Schicht. Dann wieder gab es Risse oder ein wirres Durcheinander von hochgeschobenen Schollen, Blöcken und Brocken.

Die dreißig Tonnen schwere Sunderland kam schwer auf. Das Metall kreischte. Die Maschine sprang, mehrmals von Unebenheiten hochgeschleudert. Mit kilometerlanger Spur glitt sie endlich aus. Den Rumpf hatte es schwer mitgenommen, er zeigte Beulen und Risse. Der Bordingenieur hoffte nur, daß es ihnen gelingen würde, das Flugboot jemals wieder hochzubringen.

»Und bloß keine Wasserberührung. Mit diesen Lecks saufen wir glatt ab wie ein Faß ohne Zapfen. Aber die Startbahn muß auf den nächsten Kilometer freigeräumt werden«, forderte er. »Sonst ist Schluß mit Frohsinn.«

Die Besatzung ging an die mühsame Arbeit, das Eis in einer Breite von dreißig Metern einigermaßen zu glätten. Noch war die Sunderland vom Zielobjekt zweihundertzwanzig Kilometer entfernt, um Teile des Wracks oder das Ganze zu bergen.

Das Wetter wurde, wenn überhaupt möglich, noch schlechter. Dampfig wie in einem Kessel mit kochender Suppe. Gegen den verheerenden Orkansturm gestemmt, arbeiteten die Männer im Schweiße ihres Angesichts. In diesen kritischen Stunden gab es nur einen einzigen Lichtblick. Der Funker, der pausenlos an seiner Station saß, meldete aus Nord ein feines Signal.

»Das muß der Peilsender der Mosquito am Wrack sein«, sagte er zu dem Ersten Piloten.

»Einpeilen und Standort bestimmen«, befahl der Major.

Er wollte weiter, aber der Funker hielt ihn zurück.

»Da kommt noch ein anderes Signal durch, Sir, mehr aus Süd. Laut wie eine starke Feststation. Morsefunk verschlüsselt.«

»Code?«

»Nicht unserer, Sir.«

»Russen?«

»Offenbar mehr deutsch.«

Der Major fluchte anhaltend.

»Verdammt, das sind die Germans. Schon da also. Aber wie sind die unterwegs? Doch nicht etwa mit einem U-Boot? Beobachten Sie weiter.«

Die Frage konnte nicht geklärt werden. Jede Hand wurde zum Freiräumen der Startbahn benötigt, auch die des Funkers. Manche Eisbrocken waren so riesig, daß sie gesprengt werden mußten. Ständig und immer mehr trieb der Major seine Männer an. Die Zeit, die ihnen blieb, wurde immer weniger.

20

Unter dem Eis

Benders Boot geriet in typisch arktisches Spätsommerwetter. Dicke Bewölkung, schwerer, aufliegender Nebel. Sichtweite kaum dreihundert Meter. Sie liefen schon im dichten Eis. Zunächst suchten sie sich noch Priele und Kanäle.

»Sobald es eine geschlossene Decke bildet, tauchen wir«, entschied Bender.

In der Zwischenzeit wurde der lange Funkspruch des BdU entschlüsselt und die nötigen Vorbereitungen getroffen.

Der LI bastelte ein zweites Tauchlicht für den Turm. Dazu verwendete er eine wasserdichte Bilgenlampe. Indessen glitt das Boot durch die eiskalten Gewässer der Barentssee.

»84 Nord«, meldete der Obersteuermann.

Längst hatten sie die Grenzen des Unbekannten erreicht. Das Packeis lag vor ihnen, ohne Unterbrechung, weiß, rundum bis zum Horizont. Eine grausame, weglose, farblose Ödnis, beleuchtet von diffusem Polarlicht.

Bender wandte sich an seine Männer: »Daß wir einen Sonderauftrag haben, wißt ihr bereits. Wir werden mal die Nase unter das Packeis stecken. Schätze, so für zwanzig bis dreißig Stunden, dann sind wir wieder heraus. Die Sache wird nicht schwieriger als unsere bisherigen Unternehmungen auch.« Er sagte das so hin, um seine Männer zu entspannen, obwohl er selbst nicht daran glaubte. »Tauchen. Auf fünfzig Meter gehen.«

Binnen kurzem hatten sie das weiße Dach, die Eisdecke mit ihren hängenden Stalaktiten, über ihren Köpfen. Sie liefen mit sechs Knoten. Die Entfernung bis in Polnähe würden sie mit Hin- und Rückfahrt vielleicht in zwei Tagen bewältigen. Falls alles glatt ging. Aber auch alles.

Immer wieder ließ Bender das Sehrohr ausfahren. Blaugrünes Wasser, selten in paar Fische. Mitunter zeigte das Eis über ihm helleres Muster. Das waren Rinnen oder Lagunen. Oft wuchsen auch riesige Zapfen in die Tiefe, wie in Tropfsteinhöhlen, um die er herumfahren mußte. Dabei konnte es passieren, daß man in einen Irrgarten geriet. Es war wie das Einfädeln einer Nadel. Dem konnte man dann nur durch tiefes Tauchen entkommen.

Ständig ließ Bender die Scheinwerfer eingeschaltet. Sonnenlicht, das durch das Eis drang, war bestenfalls so grau wie an Nebeltagen. An Bord konnte man es noch aushalten. Die Temperatur lag bei zwanzig Grad, die des Wassers schätzungsweise auf Null. Mitunter schrammten dicke Eisbrocken an ihnen vorbei. Sonst glitt das Boot lautlos weiter durch die tödlichen Fluten.

»Genau Tiefe halten«, forderte Bender immer wieder vom LI.

Der Obersteuermann jammerte über die Kompasse. Immer stärker schwangen sie hin und her. Moser konnte nur noch nach einem Mittelwert navigieren. Die Kompasse stellten ihr Gehirn dar. Wenn das nicht mehr funktionierte, war es aus.

»Das Richtungsvermögen geht immer mehr gegen Null«, sagte Moser, »je weiter man sich dem 90. Breitengrad nähert. Am Pol ist der magnetische Kompaß sowieso unbrauchbar.«

Beinahe fünf Stunden waren sie schon unterwegs. Da sichtete Bender eine Lagune mit offenem Wasser. Da er sichergehen wollte, befahl er aufzutauchen.

Dies war nicht wie gewöhnlich zu schaffen, indem er einfach schräg zur Wasseroberfläche hinauffuhr, sondern man mußte das Boot handhaben wie einen Aufzug.

»Maschinen stop ...«

Das Boot kam zum Stillstand.

»Vorsichtig anblasen.«

Allmählich begann das Boot liftartig zu steigen.

»Vierzig Meter ... dreißig Meter ...«

Plötzlich erschütterte ein Hammerschlag das Boot, als hätte es die Kaimauer gerammt.

»Teufel«, fluchte Bender, »was ich für offenes Wasser hielt, muß meterdickes Klareis gewesen sein. Aber hilft nix, jetzt müssen wir durch.«

Er ließ stärker anblasen. Stöße, Rammings – das Boot arbeitete sich nach oben. Endlich war der Turm frei. Als erster hastete der LI auf die Brücke und begutachtete den Schaden. Der Schnorchelschaft zeigte

Risse. Zum Glück hatten sie einen Spezialschweißer an Bord.

»Der Dieselabluftmast ist auch gestaucht.«

Das Schweißgerät kam nach oben. Der Brenner zischte.

»Beeilung, uns bleibt wenig Zeit«, drängte der Kommandant.

Drunten im Boot liefen die Diesel, um die Batterien nachzuladen. In der merkwürdig trockenen Polarluft waren die Dieselabgase nicht schwarz, sondern weiß. Nach Stunden zeigten die Batteriezellen voll an, und das Boot tauchte wieder. Dabei erwies sich aber, daß der Schnorchelmast nicht dicht hielt. Ein feines Rinnsal lief in die Zentrale und in die Bilge. Mit der Lenzpumpe war das noch zu bewältigen. Das kostete zusätzlich Strom.

Die Stille im Boot war beklemmend. Man hörte nur das Summen der E-Maschinen und Pumpen. Jeder versuchte, Geräusche zu vermeiden. Wenn einer zu laut hustete, wurde er sofort von seinen Kameraden gemaßregelt.

»Verdammt, reiß dich zusammen, Mann!«

»Maul halten!«

Kaum ein Wort fiel noch, kaum jemand scherzte. Zu der schwer atembaren, öligen Luft schien auch noch die Angst aus allen Ecken zu kriechen. Vermutlich hatte sich die Ausweglosigkeit ihrer Fahrt – unten dreitausend Meter Tiefe, über ihnen ein Dach aus Eis – auf die Männer gelegt. Dumpfe Mutlosigkeit machte sich breit. Der Kommandant bemerkte das und wollte keinen Panikausbruch.

»Musik!« forderte er vom Funkmaat an. »Hier hört eh keiner mit.«

Die Funker legten alte Platten auf – Schuricke, Marika Rökk, die bekannten Schlager – und dann, wohl mehr aus Versehen, das abgenudelte *Heimat, deine Sterne*. Einige der stahlharten U-Boot-Fahrer fingen an zu heulen.

Bender stoppte die rührselige Darbietung. »Jetzt reicht's aber, Funkmaat. Bitte nur fröhliches Programm!«

Nun trällerten wieder die Künnecke, Dora Komar oder Elfi Meyerhofer mit ihrem glockenhellen Sopran. Und Heesters sang *Man müßte Klavierspielen können*.

Bender hegte eine Haßliebe für diese Nummer, und zwar wegen der unmöglichen zweiten Textzeile, wenn Heesters sang: »Der Klang des gespielten Klavieres wirkt auf Frauen berauschend wie Sekt« oder so ähnlich. Bender hatte jetzt endgültig genug.

Er ging von der O-Messe ins Funkschapp und sagte: »Macht endlich den Giftschrank auf.«

Dort lagen die Platten aus der Kommandantenreserve. Lauter verbotene Nummern – *Bei mir biste scheen ...*, *Goody goody*, gespielt von Teddy Stauffer, *When the Saints ...*, Aufnahmen von der Fitzgerald, von Glenn Miller und Benny Goodman.

Als Bender zum Mittagessen in der O-Messe saß, fragte ihn der I WO: »Haben Sie eigentlich was gegen Heesters, Herr Kapitän?«

Bender antwortete nur: »Der Klang des gespielten Klavieres ...«

In Wirklichkeit gab es noch einen anderen Grund.

In Unna hatte er einen Heesters-Film gesehen, gemeinsam mit der angehimmelten Marion König. Nur hatte er in Parkett A gesessen und sie im teuersten Rang in der Mittelloge.

Das Mittagessen an Bord war gut. Sie gabelten ihr Rindergulasch mit Nudeln.

Der LI schlich vorbei und meldete, daß die E-Maschine überhitzen würde. »Kann ich umschalten?«

»Sie sind der Leitende«, sagte Bender.

Sie setzten nur eine E-Maschine ein, nicht die mit dem defekten Wellenlager. Damit konnten sie vier Knoten halten. Immer wieder begab sich Bender an den Kartentisch. Er stellte keine Fragen, aber es war in seinen Augen zu lesen.

»Noch gut sechzig Meilen bis zu dem vermuteten Lageort«, kalkulierte Obersteuermann Moser.

Als Abendessen gab es ein Gericht, das beim Kochen so wenig Strom wie möglich kostete und auch wenig Dunst verbreitete. Das war Erbsensuppe mit Wiener Würstchen. Als Nachspeise kam Apfelmus mit einer Art Vanillecreme auf die Back. Jeder konnte so viel nehmen, wie er wollte. Aber kaum einer von der Besatzung zeigte großartigen Hunger auf Nachschlag. Auch ihr Schiffbrüchiger nicht. Dirk Lohner saß meist stumm herum und starrte vor sich hin.

So laut, daß man es bis in die Unteroffiziersmesse hören konnte, sagte Bender nach innerlichem Ruck: »Das mag vielleicht eine spannende Fahrt werden, Männer, aber wenn ich die Sache für irgendwie gefährlich halten würde, wenn ich bloß einen Augenblick befürchten müßte, daß dieses wundervolle Boot und seine Mannschaft gefährdet sind, würde ich sofort wenden.«

So wie diesmal hatte er sich noch nie selbst belogen.

Ständig hing einer am Periskop. Entweder der I WO, Oberleutnant Mühlens, oder der II WO, der junge Leutnant Vonschein, genannt Graf. Mit ausdruckslosem Gesicht wie ein Spürhund schlich der LI, Kapitänleutnant Sax, durch das Boot. Überall, in allen Ecken, schnupperte er herum, als könne er drohendes Unheil im voraus riechen.

Bender begab sich zu dem Funkobermaat. »In der BdU-Sonderanweisung gab es eine Mittelwellenfrequenz. Haben Sie die notiert?«

»Im Kopf, Herr Kapitän.«

»Schreiben Sie die Zahl auf einen Zettel. Mit großen Buchstaben, damit Sie jede Sekunde zur Hand ist«, befahl Bender barsch. »Im Notfall läßt Sie Ihr Gedächtnis vielleicht im Stich.«

Der Obermaat malte den Zettel und klebte ihn an sein Funkgerät. Moser meldete aus der Zentrale, daß sie sich dem 86. Breitengrad näherten.

Dazu: »Kreiselkompaß ausgefallen.«

»Was zeigt er an?«

»Nichts.«

Der LI stellte fest, daß sich bei der Eisrammung offenbar eine Kabelklemme gelöst hatte. Durch Massekontakt war eine Sicherung durchgebrannt. Bald lief der Kreisel wieder, aber jeder wußte, daß es Stunden dauern würde, bis er sich erneut eingependelt hatte.

»Noch sechzig Meilen«, flüsterte der Obersteuermann an, als Bender wieder in der Zentrale auftauchte. Hinter ihm schnaufte der LI. Mit besorgtem Gesicht meldete Sax erneut Überhitzung der E-Maschine und bat, auf BB-Motor umschalten zu dürfen. »Auch die Batterie ist schon wieder halb leer, Käpt'n.«

Bender wußte, was das bedeutete. Ohne Ampere war hier Feierabend.

Selbst am Sehrohr, hielt er nach einer Lagune Ausschau. Sie befanden sich etwa auf der Polroute, wie sie der Forscher Robert Peary anno 1909 schon beschrieben hatte. Nach vierzig Minuten entdeckte Bender eine Lagune und beschloß ein Auftauchmanöver. Diesmal kam das Boot anstandslos durch und lag jetzt, umgeben von geborstenen Schollen, bewegungslos im Eis. Einer nach dem anderen durften die Männer auf den Turm, um eine Zigarette zu rauchen und sich anzusehen, was nur wenige Menschen je erblickt hatten: Zerklüftetes, durch- und übereinander geworfenes ödes Eis erstreckte sich nach allen Seiten bis zum Horizont. Das Wasser um das Boot, eine offene Stelle, war etwa so groß wie zwei Fußballfelder. Meist lag das Boot ruhig da. Nur mitunter knirschte es im Eis, wenn es rollte und in Bewegung geriet.

Während der Dieselgenerator die Batterien auflud, befahl Bender, das Sonderkommando klarzumachen. Da sie nicht über die nötige Polarausrüstung verfügten, mußten sich die Männer mit eigenen Mitteln behelfen. Mit zwei Pullovern übereinander, die Rollkragen der Isländer hochgezogen bis zur Nase, gestrickte Wollsocken als Mütze über die Ohren bis zu den Augenbrauen. Es dauerte einige Zeit, bis der Sprengtrupp Marschbereitschaft meldete. Noch zögerte Bender mit dem Befehl, die Männer loszuschicken. Bis zum Lageort des Raketenwracks waren es mindestens dreißig Kilometer. Und dann mußten sie das Objekt auch erst finden. Um dorthin zu gelangen, war ein Fußmarsch von wenigstens zehn Stunden nötig. Nur etwas für ganz harte Burschen.

Bender hatte noch eine zweite Chance in petto, eine letzte Möglichkeit, elegant, aber unsicher. Deswegen schob er sie bis zuletzt hinaus.

21

Ortswechsel

Marion König studierte hier und da ein bißchen herum, in Köln oder in Hamburg. Ein paar Semester Jura und, weil ihr Vater darauf bestand, Betriebswirtschaftslehre. Oft ließ ihr Vater sie nach Unna kommen. Sie sollte sich auch um die Firma kümmern.

Im Kaufhaus war jedoch wenig los. Marion überwachte alle Abteilungen von Sport bis zu Textilien, von Büchern bis zu Möbeln, von den Haushaltsmaschinen bis wer weiß wohin. Sie kannte sich gut aus, sie war hier aufgewachsen und schon als Kind herumgetollt.

Ganz oben im fünften Stock lag das Büro ihres Vaters. Er ließ sich gerade die Hände pflegen. Die Maniküre war fertig. Allein mit Marion, fing er an zu jammern. Er war nicht sonderlich gesund, aber vor allem litt er gerne. Das schien ihm besser zu helfen als Tabletten.

»Es gibt nichts mehr zu kaufen, folglich nichts zu verkaufen. Kaum noch Importe, nur Kriegsproduktion, lauter Gelumpe. Mal einen Waggon mit Büchsenöffnern, aber wer braucht zehntausend Büchsenöffner, während Schnürsenkel fehlen?«

Sie schimpften über die allgemeine Lage, den Krieg, die Politik. Der alte König wußte ziemlich gut Bescheid. Er hatte einflußreiche Freunde, Generäle, Minister, auf die hörte der Senior.

Er senkte seine Stimme, als verrate er seiner Tochter ein Geheimnis. »Alle sagen, in einem Jahr seien die Amerikaner da.«

»Dann machen wir mit den Amerikanern weiter, Papa.«

»Aber vorher plündern sie uns aus oder schlagen uns kurz und klein. Doch ich habe da eine Idee, mein Schatz. Zum Glück bin ich nicht arm.«

»Dann erzähl mir von deiner Idee, Vater.«

Sie war seine Vertraute. Mit Marion besprach er seinen geheimsten Plan.

»Auf nach Süden, lautete die Devise schon bei Kaiser Carolus Magnus, dorthin, wo die Zitronen blühen.«

»Goethe, Vater.«

»Von mir aus. Dort im Süden will ich irgend etwas Großes kaufen, ein Refugium für die Familie, am besten von Bergen umgeben.«

»Italien oder Südtirol«, tippte Marion.

»Die nehmen doch keine müde Reichsmark mehr von uns.«

»Also Nordtirol.«

»Na ja, Österreich.«

Marion bekam Adressen von Notaren, Anwälten und Bankiers in Wien, Salzburg, Innsbruck. Die meisten kannte König senior von der Universität her, aus seiner Studentenverbindung.

»Die wissen, wo passende Objekte zu finden sind, diese gerissenen Schlauberger.«

Das Gespräch dauerte lange. Am Ende erhielt Marion noch präzise Anweisungen.

»Ein bißchen feilschen darfst du schon. Pferdehandelmäßig. Aber auch nicht übertreiben. Und eins ist ganz wichtig: Kaufe nichts Arisiertes, was einmal jüdisches Eigentum war.«

Mit einem Heft voller Blankoschecks und Lebensmittelmarken fuhr Marion los. Wochenlang war sie unterwegs. Sie besichtigte Dutzende Objekte zwischen Bodensee und Salzkammergut. Aber es war schwierig, etwas in der gewünschten Größe zu finden, das obendrein autark war, also genug Ackerland hatte, Wald und Viehweiden, so daß sich die Familie selbst ernähren konnte.

Schließlich kamen einige Objekte in die engere Wahl.

Wie sich dann im Herbst ergab, waren die Sorgen des alten König nicht ganz unbegründet gewesen. Großangriffe der Alliierten begannen, die Großstädte im Ruhrgebiet in Trümmer zu bomben. König schickte seine Familie nach Tirol. Er selbst wollte in Unna ausharren.

»Ein alter Soldat«, pflegte er zu sagen, »fürchtet niemals nichts.«

22

Boot ohne Flagge und Nummer

Nur mit der Propellerkraft seiner 5 000 PS konnte sich das Sunderland-Flugboot aus der Umarmung des Eises emporziehen. Beim Start schlug es immer wieder schwer auf, ein Ton wie ein Gong, dann fürchterliches Gepolter, als rase ein ungefederter Lastwagen über eine Straße mit tiefen Schlaglöchern.

»Noch eine Eislandung hält die Maschine nicht aus«, warnte der Major seinen zweiten Piloten, »dann gibt es Aluminiumkonfetti.«

Der Funker kam nach vorn. »Piepton vom Markierungssender«, meldete er. »Wir sind ganz gut auf Kurs, Sir. Noch etwas mehr links, würde ich sagen, drei Grad.«

Nach etwa sechzig Meilen sahen sie etwas Schwarzes, Spindelförmiges im Eis. Zweifellos ein U-Boot. Diese Leute da drunten hatten etwas vor. Wozu sonst der Wahnsinn einer Polfahrt unter dem Eis? Die Amerikaner kurvten steil.

»MGs klarmachen.«

Die Schützen in den Gondeln zogen die Magazine ein, luden durch, entsicherten. Sie waren nicht völlig hilflos, auch wenn sie gegen U-Boot-Stahl wohl wenig ausrichten würden. Aber sie beschlossen anzugreifen. Und zwar sofort.

Schon färbte sich das Wasser um das U-Boot herum schaumig. Es blies seine Tanks ab, um zu tauchen. Die beiden Piloten wollten nicht mit ansehen, wie es entkam.

»Die haben sich was einfallen lassen, diese Krauts«, schimpfte der zweite Pilot. »Alle Achtung!«

»Treue bis in den Tod. – Heil, mein Führer.«

»Drauf mit allem, was wir haben.«

Die schwerwiegende Entscheidung, seine Männer loszuschicken, wurde Korvettenkapitän Bender genommen. Plötzlich hörten sie von Ferne Motorengeräusch, das immer lauter wurde.

»Flugzeugmotoren«, sagte der LI fachmännisch. »Mehrere.«

Es dauerte nicht lange, und in südwestlicher Richtung erkannten sie im Glas einen riesigen Apparat von Flugzeug, tieffliegend.

»Das ist ja beinahe so groß wie die alte DO-X«, schätzte der II WO.

»Größer.«

»Amerikaner.«

Das Flugzeug schien an ihnen vorbeizufliegen, doch dann hatten die Piloten wohl den dunklen Punkt im Eis entdeckt. Der Gegner kurvte ein und steuerte vierkant darauf zu.

»Verdammt nochmal, die haben Radar!« rief jemand entsetzt.

»Das ist eine Sunderland«, erklärte der II WO, ihr Spezialist für Flugzeugerkennung, noch ruhig. »Die kann leider Bomben an Bord nehmen und hat mindestens ein halbes Dutzend schwerer Maschinengewehre in Gondeln.«

Bender wußte nur einen Weg, sich sofort durch Tauchen in die Tiefe zu retten. In den letzten Monaten waren zu viele U-Boote durch Luftangriffe gesunken.

»Alarm!« schrie er. »Fluten!«

Die Luft zischte aus den Tanks.

Die Männer hechteten vom Turm nach unten. In der Zentrale wurden die Entlüftungen gezogen. Knirschend begann sich das Boot aus dem Eisring zu lösen und in die rettende Tiefe zu sacken. Doch schon war die Sunderland da und behämmerte das Boot mit allen verfügbaren Waffen. Kugeleinschläge am Stahl des Rumpfes und der Brücke waren zu hören.

»Mindestens Kaliber zwei Zentimeter«, schätzte ein Maat.

Glücklicherweise war es schwierig, von einem Flugzeug aus, bei 300 km/h Geschwindigkeit ein Objekt wie ein U-Boot zu treffen. Bender stand neben dem LI am Tiefenmesser. Der sagte jeden Meter an. In gespielter Ruhe.

»Fünfzehn … zwanzig … dreißig.«

»Geht es denn nicht schneller?« fragte Bender beherrscht.

Vom Turm herunter durch Stahl und Wasser, glaubten sie das Dröhnen der vier Flugzeugmotoren wie das Einschlagen der Geschosse zu hören.

»Hoffentlich hat er keine Bomben.«

Die Hoffnung des I WO erfüllte sich nicht. Detonationen erschütterten das Boot. Allerdings sehr weit weg, irgendwo auf dem Eis. Bange Minuten vergingen.

»Fünfzig Meter.«

Endlich schien das amerikanische Flugboot abzudrehen. Aber jedem war klar, daß die Amerikaner binnen kurzem am Ziel sein würden.

»Die haben das Rennen gewonnen«, fürchtete der Obersteuermann.

»Hätten«, verbesserte ihn Bender. »Wenn das Wörtchen wenn nicht wäre.«

Es wurde ein Kampf um Minuten. Das Flugboot würde höchstens eine halbe Stunde brauchen, um das Raketenwrack zu erreichen. Um irgend etwas zu unternehmen, mußten Bender und seine Männer noch einmal auftauchen. Dann blieb noch die Frage, ob die Technik auch funktionierte.

Unweit ihrer ersten Rinne fand Bender noch eine offene Stelle. Er brachte das Boot nur so weit nach oben, bis die Antenne freikam. Im Rundblicksehrohr war von der Sunderland nichts mehr zu sehen. Auch nicht zu hören.

»Die wissen nicht, was wir wissen«, Bender wandte sich an den Funkmeister. »jetzt sind Sie dran, Obermaat. Ich bitte mir höchste Sorgfalt aus!«

Mit spitzen Fingern drehte der Funker die verzeichnete BdU-Frequenz auf 285 Khz in seinen Hauptsender. »Mittelwelle.« Er blickte den Kommandanten an. »Liegt an.«

»Dann los.«

»Von mir aus«, flüsterte der Funker, »Herr Kapitän.« Dabei hielt er den Atem an.

»Los, geben Sie das Signal durch, Mann!« rief Bender. »Mit Gott und Vollgas.«

Es handelte sich um den Funkbefehl für die Selbstzerstörung der Rakete, die von Peenemünde aus wegen Strato-Störungen nicht mehr funktioniert hatte. Das war Bender und dem Funker bekannt. Aber auch die Risiken.

»Und wenn es nicht klappt, Herr Kapitän? Sind wir dann am Arsch?«

»... des Propheten«, ergänzte Bender leise. »und jetzt geben Sie Zünder, Mann!«

Mehrmals sendete der Funker den Zündbefehl durch. Nichts. Sie warteten, vermieden, sich anzusehen. Langsames Kopfschütteln. Sie bezweifelten schon, ob die Selbstzerstörungsanlage des Wracks noch arbeiten würde, als der Brückenausguck meldete: »Detonation aus nördlicher Richtung. Schwach, Herr Kapitän, aber einwandfrei.«

»Wie viele Schläge?«

»'ne Masse Dynamit.«

Der Horcher bestätigte die Explosion. »Als würde ein Luftballon furzen.«

Der II WO meinte: »Vielleicht ist auch die Sunderland auf die Nase gefallen. Würde mir zusagen.«

Kommentarlos ließ Bender die zwei Männer von der Brücke einsteigen, befahl zu fluten. Die Luft zischte aus den Tanks, das Wasser strömte hinein. Langsam sank das Boot auf Tiefe.

Bei sicheren sechzig Metern wandte sich Bender an den Rudergänger. »Gehen Sie auf Gegenkurs. Zunächst einmal Generalrichtung Süd.«

Vom Pol aus gab es ja nur diese eine Richtung.

Dann setzte er sich auf die Kartoffelkiste, schob die Mütze mit dem schmutzig-weißen Kommandantenbezug ins Genick, wischte sich mit beiden Händen über das schweißnasse Gesicht und sagte zu dem Obersteuermann: »Bringen Sie uns nach Hause, Moser.«

Nach achtzehn Minuten Flugzeit hatten die Piloten der Sunderland das Raketenwrack entdeckt. Zumindest glaubten sie, es zu haben.

Ziemlich aufgeregt meldete der Funker plötzlich ein starkes Funksignal auf 30 Kilohertz. Der Pilot ging herunter, so tief wie es ihm möglich schien, und umflog zunächst das Wrack, das sich unter dem Schneehaufen verbarg. Dabei gerieten sie urplötzlich in eine gewaltige Explosion. Erst stob es weiß, dann schwarz. Die Sunderland wurde erfaßt, von der Druckwelle geschüttelt wie ein Kinderdrachen von einer Windböe. Aus dem Explosionsherd flogen kleinste Trümmer bis in ihre Höhe.

»Diese Hundesöhne haben das Wrack gesprengt!« fluchte der Major, bitter enttäuscht. »So nah dran sind wir, so nah ...«

Landen konnten sie nicht, um die winzigen Trümmer einzusammeln. Also leiteten sie den Rückflug ein. Sofort ließ der Kommandant der Sunderland einen offenen Funkspruch an die Nordmeerflotte absetzen, wann und wo vermutlich das deutsche U-Boot die Deckung des Eises verlassen müsse.

»Jagt ihn, den Hundesohn«, fügte er hinzu. »Irgendwann muß er den Rüssel zum Luftholen ja rausstrecken.«

Auf den Funkspruch hin versammelten die im Nordmeer stehenden Flotteneinheiten der Alliierten alle Kräfte. Russen, Amerikaner und Engländer schickten ihre Kreuzer, Zerstörer, Fregatten und U-Boot-Jäger nach Norden. Mit Höchstfahrt liefen sie auf das Seegebiet zwischen 10 und 11 Grad Ost und der Packeiskante bei 82 Grad zu. Nachdem ihre bisherigen Unternehmungen alle schiefgelaufen waren, wollten sie wenigstens an dem U-Boot, das ihnen zuvorgekommen war, Rache üben.

Beinahe lautlos, mit einer E-Maschine, lief das Boot von Korvettenkapitän Bender in vierzig Meter Tiefe auf einem Kurs, den sie für südlich hielten.

In der Minute, als sie Alarmtauchten, um der Sunderland zu entgehen, hatte Obersteuermann Moser noch völlig kühl eine astronomische Beobachtung vorgenommen. Dies mit dem SOLD-Sextanten, der einen künstlichen Horizont lieferte.

»Was heißt eigentlich SOLD?« fragte der LI.

»Sextant – Oktant – Libelle Deutsche Werke«, sagte Moser. »Die Libelle ist ein künstlicher Horizont und wird von einem Uhrwerk bewegt.« Durch seine Nordsternbreite hatte Moser einen einigermaßen genauen Standort erhalten. Die Werte beunruhigten ihn. Er meldete das dem Kommandanten. »Wir stehen viel zu weit nördlich, haben uns total verkoppelt.«

»Das passiert Ihnen doch nicht«, tat es Bender ungläubig ab.

Moser versuchte, es zu erklären. »Vermutlich Chronometerdefekt.«

Dirk Lohner, ihr unfreiwilliger Bordgast, mußte ran.

Der verstand zwar eine Menge von Chronometern, konnte aber ohne Vergleichsgerät am Gang der Uhr kein Minus oder Plus regulieren. »Die Stoppuhr ist auch zu ungenau«, fürchtete er.

Da kam der LI auf eine Idee. »Wir markieren die Schraubenwelle der E-Maschine. Ich lasse sie pro Minute genau sechzig Umdrehungen machen. Danach kontrollieren Sie die Stoppuhr und nach der Stoppuhr den Chronometer.«

Es war nicht nur ein heikles, sondern auch ziemlich ungenaues Verfahren. Auf einem weißen Bettuch, über die Back der Offiziersmesse gebreitet, zerlegte Dirk das hochempfindliche Uhrwerk. Reinigte, prüfte Zahnräder, Lager. Nach Stunden meldete er dem Kommandanten das Ergebnis. »Am Chronometer lag es nicht. Der geht Daumen mal Pi haargenau.«

»Soweit sich das mit der Stoppuhr feststellen läßt«, schränkte der I WO ein. »Gegen einen Chronometer ist eine Stoppuhr doch so präzise wie der Hahnenschrei am Morgen.«

Dirk Lohner blieb jedoch bei seiner Meinung, daß es nicht an der Koppelung lag.

Daraufhin hatte der Obersteuermann, ein erfahrener Navigator, nur eine Erklärung: »Das wäre totale Kacke, Herr Kapitän.«

»Was?«

»Stromversetzung.«

»Sie glauben also, wir hatten Strom von achtern?«

»Ja, aus Süd.«

»Davon steht nichts in den Karten und Handbüchern«, äußerte der I WO schlau wie immer.

»Hat sich ja auch bisher keiner beschwert«, bemerkte Bender sarkastisch. »Also haben wir den Strom jetzt gegen uns.«

»Dann reicht unser Batterievorrat nicht«, rechnete der LI.

Zudem nahm die Wassertiefe ab. Das Echolot meldete nur noch vierzig Meter. Offenbar liefen sie über einen Tiefseebuckel. Bald hatten sie nur noch fünfundzwanzig Meter unter dem Kiel. Höher wollte Bender nicht gehen, um das Boot nicht an den unregelmäßigen Formen der Eisdecke zu beschädigen.

Sie liefen jetzt schon fünf Stunden in Tauchfahrt. Keiner an Bord, der nicht todmüde gewesen wäre. Kaffee wirkte schon nicht mehr. Die Frischvorräte waren längst aufgebraucht. Es gab nur noch Apfelsaft und Apfelmus. Das kräftigte kaum. Der Navigator berechnete, daß sie noch rund vierzig Meilen von der Packeiskante entfernt sein mußten.

Mit todernstem Gesicht meldete der LI: »Die E-Maschine lutscht bereits die letzten Amperes aus den Akkus. Batterie Ende, Herr Kapitän.«

Mit ausgefahrenem Sehrohr suchte Bender nach irgendeiner Rinne oder Lagune im Eis. Schon begann auch der Turmscheinwerfer zu flackern. Sie mußten hoch, um mit dem Diesel die Batterien aufzupulvern, koste es, was es wolle. Bender griff zu der letzten ihm möglichen Methode. An einer, wie ihm schien, dünneren Stelle der Eisdecke stellte er das Boot schräg, 15 Grad achterlich, und schoß zwei Torpedos ab. Die Aale trafen die Eisdecke in etwa hundertfünfzig Meter Entfernung. Detonation. Das Echo rollte heran. Der Druck breitete sich aus, packte sie.

»Festhalten!«

Die Wellen warfen das Boot hin und her. Als die Erschütterungen nachließen, sah Bender, daß die Torpedos das Eis aufgebrochen und zertrümmert hatten. Er brachte das Boot hin und ließ es vorsichtig im Matsch hochgehen. In den nächsten sechs Stunden luden sie mit Dieseln und auf Generator geschalteten E-Maschinen die Batterien auf.

Nach deutscher Sommerzeit war es Mitternacht. In dieser Polargegend wurde es auch im Spätsommer nicht dunkel. Bei etwa 10 Grad Westlänge und 82 Nordbreite verließen sie die Packeisdecke. Die Kompasse arbeiteten wieder. Moser koppelte mit Zirkel und Lineal.

Der Horcher meldete Maschinengeräusche. »Noch entfernt. Acht Meilen.«

Bender wagte einen Sehrohrrundblick. Trotz schlechter Sicht bei aufliegendem Nebel glaubte er, Konturen feindlicher Schiffe zu sehen. Zerstörer. Außerdem meldete der Horcher, daß die Schraubengeräusche näherkamen.

Zwei Möglichkeiten hatte Bender. Entweder unter das Eis zurückzukehren und an andere Stelle wieder herauszukommen. »Oder wir laufen unter Wasser, bis die Batterie leer ist«, sagte er. »Dann erwischen sie uns aber sicher mit ASDIC.«

Er wendete also das Boot, lief zurück und unter dem Eis dreißig Meilen weiter nach Westen. Als er über sich wieder freie See mit Treibeis hatte, schnorchelte er mit Diesel. Zweifellos hörte der Gegner das und verfolgte ihn wieder. Die Zerstörer hatten leichtes

Spiel. Wegen der Wellenunwuchten konnte Bender ja nur um acht Knoten laufen. Wieder einmal setzte er alles auf eine Karte. Zwar hörten sie kein ASDIC-Zirpen, kein Ortungssignal, aber die Maschinen des Gegners orteten ihr Schraubenschlagen.

Zu viele Jäger. Mit hoher Fahrt waren sie hinter ihnen her.

23

Peenemünde
Aus dem Ruder

In diesem Monat waren von drei Raketenstarts drei daneben gegangen, sechzig Prozent Totalausfälle. Entweder hatten die Projektile falschen Kurs genommen, es war zu Motorstillstand gekommen oder, das Schlimmste, Frühexplosion an der Startrampe.

Dr. Fiedler pflegte mit einem Blick in den blauen Herbsthimmel zu sagen: »Gottvater, der gasförmige, will eben nicht, daß wir ihn am Barte kitzeln.«

Der Chef der Raketenversuchsanstalt traf eine Entscheidung. »Zwar sind immer wieder Einflüge gemeldet, aber morgen – 07 Uhr – Versuchsstart der New-York-Rakete.«

Drüben an dem Betonring wurde bereits die Zweistufenrakete A9 aufgerichtet. Sie war doppelt so hoch wie die V2 und sollte mit ihren neu entwickelten Triebwerken fast zweihundert Kilometer Höhe erreichen. Das hatte Dr. Fiedler, der Konstrukteur, immer wieder an seinem Rechenschieber ermittelt.

»Damit bekommen wir eine Reichweite von fünftausend Kilometern«, sagte er.

»Oder New York.«

»Oder Addis Abeba.«

Mitten in den letzten Vorbereitungen tönte die Alarmsirene. Immer öfter unterbrach sie ihre reguläre Arbeit. Dann wurden hektisch Tarnnetze über die Raketenkörper gezogen, künstlicher Nebel wurde ausgeblasen. Alles rannte in die Bunker. Maßnahmen, als kämen ganze Geschwader von Feindflugzeugen. Dabei kreiste am Himmel nur eine einzige Maschine.

»Das sind die gefährlichsten«, sagte einer der Werkmeister, »die Aufklärer. Diese Mosquitos fliegen zehntausend Meter hoch. Wenn sie Fotos mit nach Hause bringen, sind morgen eine Million Bomber da.«

In diesem Augenblick fing die Flak, soweit sie um Peenemünde versammelt war, aus allen Rohren an zu schießen. Von Rostock bis Wismar, von Fehmarn bis Stralsund feuerten alle Rohre. Der Aufklärer mußte unbedingt heruntergeholt werden. Aus den Fliegerhorsten starteten die Me 109. Den Piloten war klar, daß sie mit ihrer Messerschmitt diesen Mosquito kaum erreichen konnten. Ihre Motoren schafften die Höhe nicht und auch nicht die Geschwindigkeit des Gegners. Aber es sollte ja Glücksfälle geben. Wer diese Aufklärer zerstörte, dem winkten höchste Ehren, Orden, Beförderung. An diesem Tag war es kein Jäger, sondern der Zufallstreffer einer Flakgranate, welche den Aufklärer zerstörte.

In der Nacht wurde die New-York-Rakete nach

strengster Überprüfung startfertig gemacht. Der Direktor selbst untersuchte zuletzt noch den Steuerapparat. Er fand kein Haar. Auch sonst bewegte sich der Kreisel locker in seinen drei Achsen.

Wer Rang und Namen hatte in der Versuchsanstalt, war beim Start dabei.

07 Uhr. – Zündung. – Feuer. – Tosende Abgase.

Die Rakete wurde von ihren Triebwerken fabelhaft gerade in den Himmel gedrückt. Mit scharfen Ferngläsern verfolgt, erreichte sie beinahe sechzig Kilometer Höhe. Doch dann begann sie zu taumeln und stürzte aus unbekannten Gründen wieder zur Erde zurück

»Ausgebrannt waren die Triebwerke noch nicht«, sagte Dr. Fiedler mit einem Blick auf seine Stoppuhr. »Immerhin hat sich der Fallschirm geöffnet.«

Das bedeutete, daß die Rakete zur Erde zurückkam. Wenn sie Glück hatten, konnten sie anhand des Wracks den Fehler ausfindig machen. Dr. Fiedler wußte, daß das wieder eine Woche Tag und Nacht Arbeit bedeutete. Aber erst mußten sie die Rakete haben.

Ein Bergungsprahm der Kriegsmarine in der Pommerschen Bucht fand die von der Raketenhülle ausgestoßene Signalboje. Taucher machten sich fertig, gingen hinab und fanden in dreißig Metern Tiefe die oberen zwei Stufen des Irrläufers. Die Raketenteile wurden in aller Vorsicht mit Gurten und Luftsäcken gehoben und noch am selben Tag zur Raketenversuchsanstalt gebracht. Nach Reinigung des Bergungsgutes wurde die Rakete unter Aufsicht der Sicherheitsabteilung zerlegt und untersucht. Inzwischen war über das ganze Gebiet eine Sperre verhängt worden. Niemand durfte den Bereich der Versuchsanstalt verlassen oder ohne Sonderausweis betreten. Die Möglichkeit, daß Sabotage vorlag, war nicht auszuschließen.

Dr. Fiedler, der Konstrukteur, seine Ingenieure und Assistenten und sogar der oberste Chef machten sich an die Untersuchung. Der Steuerapparat war völlig unbeschädigt. Trotzdem hatte er versagt. In den Lagern befand sich kein fremder Gegenstand. Dennoch schien es so, als gingen sie schwer. Das Gerät wurde in das Labor gebracht, wo es die Experten unter die Lupe nahmen.

Dr. Fiedler wurde abberufen, denn wie alle Häuser und Wohnungen wurde auch das seine von der SS durchsucht. Dazu war seine Anwesenheit nötig.

Am Abend bat der Direktor der Versuchsanstalt Dr. Fiedler zu sich in sein Büro. Es war kurz vor dem Abendessen, mußte also dringend sein. »Kein Haar, keine Beschädigung«, begann der Baron, »aber das da.« Zwischen Daumen und Zeigefinger zeigte er Dr. Fiedler eine winzige grüne Kugel, nicht viel größer als der Kopf einer Stecknadel.

»Was ist das?«

»Das frage ich Sie, Fiedler.«

Fiedler übernahm das grüne Kügelchen. Es fühlte sich klebrig an.

»Es wirkt auch wie Klebstoff«, sagte der Baron. »Wer verwendet so was?«

Fiedler roch daran. »Was kann das sein?«

»Haarpomade. Das war in die Dreiachsenlager des

Steuergeräts gedrückt und verhinderte ihre freie Bewegung.«

»Von wem?« tat Dr. Fiedler verblüfft.

»Das wird untersucht.«

»Wer verwendet hier Pomade?«

»Das werden wir herauskriegen. Sie lassen extra einen berühmten Kriminalisten aus Berlin kommen.« Der Chef blickte Fiedler ein paar Sekunden zu lange an, als könne er sich in ihn hineindenken. »Man hat einen Fremden hier im Gelände gesehen.«

»Bei den Sicherheitsmaßnahmen? Wie soll das möglich sein?«

Der Baron ging nicht näher darauf ein, sondern sagte nur ein einziges Wort: »Warum?« Und noch einmal: »Warum, mein Freund?«

Fiedler blickte zu Boden und antwortete ausweichend: »Das hat man auch den Mönch Schwarz gefragt, nachdem er das Pulver erfunden hat.«

Der Chef wandte sich von ihm ab, als sei ihre Freundschaft ohne Nennung von Gründen plötzlich beendet. Sie schätzten sich aber so sehr und achteten einander, daß er eine Brücke schlagen wollte. »Wie steht es mit dem Treibstoff, Fiedler?«

»Schlecht. Die Rumänen kommen nicht vorwärts.«

Der Direktor ballte die Faust so, daß die Knöchel weiß hervortraten.

Dann befahl er: »Los, fahren Sie hin.«

»Wann?«

»Sofort.«

»Morgen früh?«

»Nein, schon in dieser Stunde.«

»Bei Nacht?«

»Verdammt, ich meine es gut mit Ihnen, Doktor! Die jagen Sie doch wie einen räudigen Hund. Ihre Marschpapiere lasse ich sofort ausfertigen.«

Dr. Fiedler warf nur das Nötigste in die Reisetasche und fuhr mit seinem VW-Kübel nach Berlin. Dort wartete eine Ju-88 auf ihn, die hohe Offiziere zum Balkan brachte. Die Maschine flog der aufgehenden Sonne entgegen. Als sie nach Stunden in Brahowa in Rumänien landeten, war es richtiggehend heiß.

Fiedler, der selbst hier, einige tausend Kilometer von Berlin entfernt, die Gestapo im Nacken fühlte, ließ sich nicht wegen des Treibstoffs zur Raffinerie bringen, sondern zur Küste nach Konstanza. Da er einigermaßen Griechisch sprach und die Rumänen sowohl Türkisch wie Griechisch verstanden, fand er einen Kutter, der in der Nacht auslaufen wollte. Mit allem, was er hatte – er opferte seine goldene Uhr –, brachte er den Skipper so weit, daß er ihn mitnahm.

Kommissar Bergengruen, das As der Berliner Kripo, war bereits in Peenemünde an der Arbeit. Er durchsuchte die Wohnungen jener Leute, die Zugang zu den Raketen hatten. Nirgendwo fand er eine Spur von grüner Haarpomade. Im Badezimmer von Dr. Fiedlers Bungalow jedoch entdeckte er eine frisch gewaschene Haarbürste und eine Pinzette. Das mißfiel ihm. Per Kurier schickte er sie nach Berlin, wo sie kriminaltechnisch untersucht wurde. Die Spezialisten fanden in den Borsten noch Reste von grüner Haarpomade, wenn auch nur in mikroskopisch kleinen Dosen. Mit Fotos von Dr. Fiedler schickte Kommissar Bergengruen seine Leute los. Einer von ihnen wurde fündig. Ein Friseur in Rostock hatte angeblich an den Mann auf dem Foto grüne Haarpomade verkauft.

Er glaubte, sich an das Gesicht zu erinnern. »Ja, das ist er.«

»Sicher?«

»Tausendprozentig.«

Der Kommissar nahm eine Tube Pomade mit. Wie sich ergab, war sie mit den Resten in den Kreisellagern der New-York-Dreiachsensteuerung identisch.

»Das ist der Beweis«, sagte der Kommissar. »Dieser Mann ist der Saboteur.«

Der Chef der Versuchsanstalt war froh, daß er beim ersten Verdacht mit dem Frauenhaar nichts an die SS gemeldet hatte. Eine Meldung hätte in der unterirdischen Fabrik unter den Gefangenen ein Blutbad angerichtet. Jetzt konnte er aber nicht anders, als die Fahndung nach Dr. Fiedler einzuleiten. Der Steckbrief ging per Führungsblitz an die SS-Kommandantur in Brahowa, Rumänien. Dort stellte man jedoch fest, daß Dr. Fiedler nie eingetroffen war. Zwar hatte er auf dem Flugplatz das Transportflugzeug verlassen, aber von dort verlor sich seine Spur.

Auf Umwegen erreichte Dr. Fiedler die griechischen Ägäisinseln und Mykonos. Die Kykladen waren inzwischen wieder von den Engländern besetzt worden. Sie kontrollierten jeden einlaufenden Kutter. Auf einem Kaiki nahmen sie Dr. Fiedler fest und stellten ihm die üblichen Fragen zur Person, woher und wohin. Gelassen zeigte ihnen Fiedler seinen irischen Arbeitspaß, den er noch hatte, ausgestellt von der Kommunalbehörde in Belfast.

»Ich soll hier im Auftrag der Irish Petrol Company die Treibstoffversorgung Griechenlands wieder in Schwung bringen«, erklärte er.

»Na, dann versuchen Sie das mal, Mister Doktor«, wünschten sie ihm.

Fliegeralarm. Wieder nur der silbrige Punkt eines sehr hoch fliegenden feindlichen Aufklärers. Da die Me 109 nicht hinaufreichten und nicht jedesmal mit einem Glückstreffer der Flak zu rechnen war, hatte die Luftwaffe vorgesorgt. Die Nachtjäger hatten ein neues Superflugzeug im Einsatz, eine frontreife Heinkel He-219. Endlich eine Maschine, die die veralteten Messerschmitts und Junkers ablösen konnte. Major Sauerbach ließ sich zu der zweimotorigen Maschine hinausfahren. Sie war schon etwas Besonderes. Als erstes deutsches Kriegsflugzeug hatte sie ein Bugrad. Dazu Doppelseitenleitwerk und eine Vollsichtkanzel wie die Jägerhaube der FW-190. Die gewaltigen 1700 PS Daimler Benz Zwölf-Zylinder-Motoren liefen bereits warm. Die Ringkühlerverkleidung war geschlossen, damit die DB-603 rascher ihre Betriebswärme erreichte. Noch liefen die Drei-Blatt-Luftschrauben mit nur fünfhundert Umdrehungen. Der Pilot kletterte in den Führersitz und gelangte über die Freude an der aerodynamischen Form beinahe wieder in Euphorie. Er ergriff das Doppelhorn der Steuerung und umfaßte die mattgelben Kunststoffgriffe der Gashebel auf der linken Seite. Sie lagen wunderbar in der Hand und fühlten sich glatt und kühl an.

Als die nötige Temperatur erreicht war, meldete sich sein Funker ab zum Start. Sauerbach riß die Hebel auf Vollgas. Kaum in der Luft, zog er das Fahrwerk ein und betätigte am rechten Griff der Steuerung die Knöpfe zum Auslösen der Kanonen und Maschinengewehre. Sicherheitshalber ballerte er einige Schuß ins Blaue, dann zog er den Nachtjäger für diesen Tageinsatz steil in die Höhe. Der Himmel war so klar, daß er blendete. Von der Funkmeßstation in Neumünster kam der genaue Standort des feindlichen Aufklärers. Auf elftausend Meter Höhe konnte er ihn endlich zwischen ein paar einzelnen Wolken entdecken. Die Mosquito war eben dabei, sich hinter dem weißen Dunst zu verstecken und sich von einer Wolke zur anderen auf Heimatkurs zu mogeln, um nicht entdeckt zu werden. Aber nicht mit Major Sauerbach. Vor wenigen Tagen hatten er und sein Bordschütze in einer halben Stunde fünf britische Bomber abgeschossen. Er konnte mit dem neuen Flugzeug umgehen, als sei er mit ihm verwachsen.

Für einen kurzen Augenblick sah er im Augenwinkel die Mosquito, trat das Seitenruder, drückte leicht den Knüppel und kippte nach links ab. Die Mosquito war schon wieder in einer Wolke verschwunden, aber Sauerbach hielt mit allen Waffen in diese Wolke hinein. Stur folgte er dem Aufklärer, er mußte ihn unter allen Umständen daran hindern, daß er England erreichte, und wenn er ihn rammte. Sauerbach schoß so verbissen und lange, bis er traf und ihnen die Fetzen der explodierten Mosquito beinahe um die Ohren flogen. Schweißnaß, aber erleichtert, nahm er das Gas etwas zurück und drehte seine Maschine über den linken Flügel auf Heimatkurs zum Fliegerhorst Greifswald.

Irgendwann schien doch ein feindlicher Aufklärer durchgekommen zu sein und die Beweisfotos in England abgeliefert zu haben. Noch in diesem Monat – August – kam es zu einem schweren Angriff. In Pulks von über vierhundert Liberator-Bombern griffen die Alliierten Peenemünde an. Sie warfen fünftausend Tonnen Bomben und machten die Versuchsanstalt nahezu platt. Es dauerte Monate, bis der Betrieb wieder aufgenommen werden konnte.

Daß es jemals einen Dr. Fiedler gegeben hatte, geriet bei dem Chaos in Vergessenheit.

24

Sensenmann

Auf U-Hagemann war der Kommandant deprimiert, ebenso die restliche Besatzung. Wochenlang schwere See abgeritten ohne Feindkontakt, das war genug für Stimmung null. Die Männer schlichen herum, grau wie Geister, bis endlich der erlösende Funkspruch kam. Durch Benders Patrouille war der Geleitzug QX-22 gesichtet worden. Dazu folgten Angaben wie Standort, Geschwindigkeit und Kurs.

Was seine Maschinen hergaben, jagte Hagemann mit AK Südwest auf die Grönlandstraße zu. Vierzig Stunden später, gegen mittag, meldete der Horcher die Geräusche langsam laufender Schiffsmaschinen. Allmählich schälte sich aus dem Dunst ein Heer von Frachtern. Schornsteine, Masten, Aufbauten.

»Da sind sie.«

»Na, endlich.«

Hagemann hatte seine Taktik festgelegt. In einer weiten Nordkurve ausscherend, setzte er sich vor den Konvoi, um sich dann mit langsamer Fahrt getaucht hineinsacken zu lassen. Kurze Sehrohrblicke zeigten ihm, daß das Geleit stark geschützt war. Bewacher, U-Boot-Jäger, Zerstörer, Korvetten fegten um die Dampfer herum wie Bienen um einen Zuckertopf. Mitten im Geleit schoß Hagemann gezielt einen Fächer ab – es waren die von Bender geschnorrten T-5 Torpedos mit Zaunkönigkopf. Sie suchten sich selbst ihr Objekt, reagierten auf Magnetismus und Geräusch. Wenn sie funktionierten.

»Wie bei der österreichischen Artillerie«, bemerkte Hagemann spöttisch.

»Entweder wir treffen ihn gleich oder am Nachmittag. Gleich wäre aber besser.«

Nach dem Schuß ging Hagemann vorsichtshalber auf fünfzig Meter Tiefe. Schon packten sie die ersten Trefferdetonationen und schüttelten sie wütend. Erfahrene U-Boot-Leute wußten zu unterscheiden, wann es einen Tanker erwischt hatte, wann einen Frachter. Man hörte es am unterschiedlichen Knacken der Spanten, an den Sinkgeräuschen. Manchmal klirrte es wie berstendes Glas. Das blieb einem ewig lange in den Ohren.

Droben suchten die Bewacher hektisch den Umkreis des Konvois ab. Deshalb blieb Hagemann in dessen Mitte, ließ sofort nachladen. In der Dunkelkeit schoß er noch einen T-5. Außer dem Hecktorpedo war das alles, was sie noch hatten. Die Stoppuhren liefen in der Zentrale. Die Männer zählten die Sekunden.

Detonation.

»Volltreffer.«

»Mindestens 14000 Tonnen, Herr Kaleu«, schätzte der I WO und faßte sich an die Kehle, wo der Halsorden hingehörte.

Zu seinem eigenen Schutz blieb Hagemann nach wie vor mitten im Konvoi. Dort suchten sie ihn am allerwenigsten. Zwar lief der Geleitzug nur fünf Knoten, aber bald meldete der LI, daß die Batterien leer seien. Mit dem letzten Saft drehte Hagemann auf Gegenkurs und ließ den Geleitzug über sich hinwegrauschen. Vorsichtig auf Schnorcheltiefe, begann er, die Batterien nachzuladen und größere Distanz zu bilden.

Er stand jetzt ungefähr zwischen Grönland und Neufundland im Labradorstrom. Der kürzeste Weg nach Hause, zum Heimathafen St. Nazaire, war Richtung Atlantik. Bei 50 Grad Nord liefen sie am Breitengrad entlang. Jetzt ging es nur noch ums Überleben.

Einmal wandte sich Hagemann an seine Männer: »Will hoffen, daß wir den Erfolg ungeschoren nach Hause bringen wie der Bauer seine Heuernte. Das Boot ist technisch hundertprozentig in Ordnung, ihr habt euch fabelhaft verhalten, Leute. Leider verfügen wir nur noch über einen Torpedo.«

Die Stimmung hatte sich um 180 Grad gedreht. Jeder war wieder guten Mutes, es wurde gewitzelt und gezotet. Der Steuermann berechnete für die Rückkehr wenigstens eine Woche. Viel mehr als dreihundert Meilen schafften sie nicht pro Tag. Kam auch auf das Wetter an.

Immer wieder ermahnte Hagemann die aufziehende Brückenwache: »Achtet mir verdammt auf Flugzeuge. Die haben Radar. Die einzige Gefahr für uns geht von Flugzeugen aus. Aber sie ist tödlich.«

Von Südkurs drehten sie langsam auf Ostkurs. Bei 45 Grad Nord, 18 West fingen sie mehrere FT des BdU auf. Er gratulierte zu dem Erfolg. Bei einem der Funksprüche stand am Ende: »Tomas ist an Bord.«

Der II WO hatte entschlüsselt, zeigte aber, was den Schluß betraf, Mattscheibe. »Mit dem Nachsatz kann ich nichts anfangen, Herr Kaleu.«

»Das ist privat.«

»Darf man zu etwas gratulieren?«

»Vielleicht, wenn wir gut angekommen sind«, wich Hagemann aus.

In der nächsten Woche verlief die Rückfahrt so gleichmäßig und ereignislos, daß es schon beängstigend wurde. Bei den Azoren hatten sie alle Verfolger abgehängt. In der Irischen See gingen sie größeren Einheiten der Briten aus dem Weg.

Endlich meldete der Obersteuermann: »Noch achtzig Meilen bis zur Hafeneinfahrt, Herr Kaleu.«

»Fünf Stunden also.«

Hagemann haute sich aufs Ohr. »Sofort melden, wenn der Begleitschutz der Sperrbrecher in Sicht kommt.«

»Geleitaufnahme in etwa drei Stunden«, berechnete der Obersteuermann.

Und wieder sprach Hagemann die Warnung aus. »Und achtet mir bloß auf Flugzeuge! Hier zwischen der Irischen See und Biskaya sind diese Sauhunde besonders gefährlich. Kaum hört man sie, schon sind sie da.«

In der Dämmerung meldete der I WO Funkkontakt

mit dem Sperrbrecher, der sie in den Hafen bringen sollte.

Sperrbrecher waren im Grunde fein dran. Sie verfügten über eine starke Flakarmierung. Wenn sie aus allen Rohren ballerten, konnten sie angreifende Flugzeuge leicht verscheuchen. Bomben machten ihnen wenig aus. Sperrbrecher waren so gut wie unsinkbar. Man hatte sie in allen Laderäumen bis zum Oberdeck mit leeren Fässern aller Kaliber aus Blech oder Holz gefüllt. So ein Schiff konnte kaum untergehen.

Nur noch wenige Meilen von dem Sperrbrecher entfernt, ließ Hagemann auftauchen und setzte Funksignal ab. Kaum waren sie oben – so, als hätte er darauf gewartet – stürzte sich ein zweimotoriger Mitchel-Bomber auf sie herunter.

Der Alarmschrei des I WO hallte allen in den Ohren.

»Diese Engländer mit ihrem Scheißradar!«

»Tauchen!«

In der Zentrale wurden die Flutventile gerissen, die Maschine wieder auf E-Betrieb umgeschaltet, die Tiefenruder abwärts gesteuert. Schon fielen die ersten Bomben des Angreifers. Sie lagen weit gestreut in scheinbar sicherer Entfernung. Man sah die Einschläge in der See weiß gischten. Da begann U-Hagemann schon langsam von der Oberfläche zu verschwinden.

Doch da war noch eine letzte Bombe. Wie betrunken taumelte sie aus dem Abwurfschacht von der Höhe. In letzter Sekunde änderte sie ihre Flugrichtung und traf das Boot punktgenau. In der Kante zwischen Turm und Oberdeck schlug sie ein, bohrte sich durch den Stahl, um Augenblicke später im Inneren des

Druckkörpers zu explodieren. Es war ein 500-Kilo-Koffer. Die Gewalt der Detonation zerriß das Boot Hagemann in zwei Teile. Vom Sperrbrecher aus wurde der Angriff beobachtet, aber tun konnte er nichts. Die Sperrbrecherleute suchten die Untergangsstelle ab. Außer ein paar aufschwimmenden Trümmern und einer Ölschicht war nichts zu sehen. Kein Überlebender.

Der Nachsatz in dem BdU-Telegramm – »Tomas an Bord« – hatte bedeutet, daß Miriam, Hagemanns Ehefrau, einen Sohn geboren hatte. In dem Funkspruch war der Name Thomas falsch geschrieben, nämlich ohne h nach dem T. Aber das spielte keine Rolle mehr. Thomas Hagemann würde seinen Vater niemals kennenlernen.

25

Heimwärts

Nach einer weiteren Tauchfahrt von sechsundsiebzig Stunden vor den Verfolgern hatten sie dreihundertneunzig Meilen zurückgelegt. Bender blieb auf Kurs Süd, etwa 190 Grad. Zunächst steuerte er Spitzbergen an, zumindest wollte er so die Bäreninseln oder Jan Mayen erreichen. Diese norwegische Gruppe lag nördlich Island und war von der deutschen Luftwaffe erreichbar. Aber so viel Glück, daß die zu Hilfe kam, malte Bender sich gar nicht aus. Kaum glaubte Bender, daß er den Ring der Verfolger endgültig durchstoßen hatte, erwischten sie ihn wieder mit ihrem elektronischen Ortungsgerät, dem ASDIC. Viel schneller als erwartet, waren sie wieder da, warfen an Wasserbomben auf das Boot, was sie überhaupt dabei hatten. Es waren die schlimmsten Wasserbombenstunden, die der erfahrene Bender je erlebt hatte. Es gab Lichtausfälle, Pumpenstillstand, hie und da einen Wassereinbruch. Mit seinem angeschlagenen Boot konnte er den Wabos nicht wie gewohnt durch Achterbahnfahrten – Backbord, Steuerbord, AK, Stopp, tiefer, höher – entkommen. Die Stunden vergingen. Nahezu zweihundert Detonationen hatten sie registriert. Endlich legte der Gegner eine Atempause ein.

In dieser fürchterlichen Nacht hatte Benders Boot 70 Grad Nord erreicht. Nun nahm er direkten Kurs Ost auf die norwegische Küste zu.

»Mit Glück können wir uns in einer der Buchten bei den Lofoten versteckt halten«, hoffte er.

»... und schlechtes Wetter abwarten«, ergänzte der Obersteuermann.

Zu früh durchgeatmet. Schon hatte sie wieder ein Verfolger im ASDIC, eine U-Boot-Jagdkorvette, ein ganz hartnäckiger Bursche, nicht abzuschütteln. Außerdem kam auf ihrem Typ XXI etwas hinzu, was Bender nie, U-Boot-Fahrer überhaupt äußerst selten erlebt hatten: Es begann fürchterlich nach Diesel zu stinken. Immer wieder machte der LI seine Zustandsmeldung. Diesmal trat etwas Ungeheuerliches ein.

»Wir haben keinen Wassereinbruch, sondern aus der BB-Treibstoffzelle läuft Diesel ins Boot.«

»Sickert es?« wollte Bender wissen.

»Nein, es läuft, Herr Kapitän.«

»Können Sie umpumpen?«

»Leider nicht.«

»Oder ablassen?«

»Nicht bei dieser Zelle.«

Bender fluchte in sich hinein. »Teufel, wie kann denn so was passieren?«

»Bruch einer Schweißnaht«, fürchtete der LI. »Das würde bei den alten VII C-Nietungen nicht passiert sein.«

»Durch die Wasserbomben etwa?«

»Oder das ständige Schütteln der Unwucht.«

Aber wo an den tausend möglichen Stellen drang der Dieselkraftstoff ins Boot? Das Leck abzudichten wäre möglich gewesen, aber nicht, es zu finden. Sie hätten die ganze Inneneinrichtung des Bootes vom Druckkörper reißen müssen. In dieser Situation war Bender ziemlich ratlos.

»Was jetzt?« fragte er.

Sie versuchten noch, das Dieselöl mit der Bilgenpumpe, dann mit der Hauptpumpe außenbords zu drücken. Doch der Gestank wurde immer stärker. Die Männer husteten, ihre Augen tränten, einige erbrachen sich.

Der LI keuchte: »Wenn das Luftgemisch kritisch wird, genügt ein Funke, und das Boot explodiert. Funken entstehen überall. Schalter, Motoren, Sicherungen …«

»Wie lange noch?« fragte Bender tonlos.

Der LI wirkte so verzweifelt, wie ihn Bender nie erlebt hatte. »Wir müssen das Boot aufgeben, Herr Kapitän.«

»Unsere erste Feindfahrt ist also die letzte …«

Mit einer Miene wie dreimal hintereinander Volkstrauertag befahl Bender, durch Tauchretter und Kalipatronen zu atmen. Jeder Mann an Bord verfügte über einen, nur Dirk Lohner nicht. Bender gab ihm seinen eigenen und hustete eine kurze Ansprache.

»Klarmachen zum Aussteigen!« befahl er mit versagender Stimme. »Kurs Ost, volle Pulle.«

Sie standen jetzt nahe bei der Insel Stjernoj, ungefähr zehn Meilen vom Altafjord entfernt. Um sie herum raste der britische Bewacher mit AK. Bender ließ auftauchen, wartete, bis sich die meisten Männer durch die Luks an Bord gezwängt hatten und im Wasser waren.

Seinen letzten Befehl an den Rudergänger schrie er: »Rammkurs. Mitten in ihn rein, Mann!«

Das Boot scherte nach links. Wenn er es schon aufgeben mußte, dann wollte Bender den Engländer wenigstens noch ein Stück mitnehmen. Scheinbar holte er nach Backbord aus, bis der Verfolger querab seine Breitseite zeigte, und fuhr dann mit hart Steuerbord und äußerster Kraft auf ihn zu. Der britische Kommandant erkannte die Absicht. Durch Ruderlage und AK versuchte er durchzukommen. Um Sekunden zu spät. Der Bug des schweren Typ XXI-Bootes erwischte ihn zwischen Brücke und Heck. Es kam nicht zu einer Explosion, eher zu Totenstille. Aber mit Sicherheit waren beide Schiffe nicht mehr zu retten. Sie hatten sich ineinander verkeilt, verbissen und begannen zu sinken. Der Engländer hatte wohl nicht damit gerechnet, daß er es mit einem 2000-Tonnen-U-Boot zu tun hatte, etwa halb so schwer wie er selbst.

Kurz vor dem Zusammenstoß sprangen Bender und der Rudergänger mit aufgeblasenen Schwimmwesten ins Wasser. Es war eiskalt. Um sie herum sah Bender die Köpfe seiner schwimmenden Besatzungsmitglieder.

Schreiend versuchte er, sie zu sammeln. »Zusammenbleiben, Leute!« Unter den Schwimmenden erkannte er den Funker. »Konnten Sie noch den Notruf absetzen?«

»Mit Zeit- und Standortangabe, Herr Kapitän«, japste der Obermaat.

Es gab auch Verletzte. Dieter Lohner war nicht darunter. Ihn hatte es nicht erwischt. Er war heil, nur funktionierte seine Schwimmweste nicht. Sie ließ sich nicht genug füllen. Vermutlich lag es an der kleinen Preßluftflasche. Bender schwamm zu ihm hin und half ihm, die Gummikammern der Schwimmweste mit dem Mund aufzublasen.

Sie wurden müde, die Kälte kam, ließ Knochen und Muskeln erstarren, löste schmerzende Krämpfe aus.

Wieviel Zeit vergangen war, konnten sie nicht genau sagen. Gegen mittag hörten sie das Motorengeräusch von Flugzeugen. Me 109-Jäger begleiteten einen dicken Brummer. Die Messerschmitts wehrten das Flakfeuer der britischen U-Boot-Jäger ab. Bald darauf kam der schwere, sechsmotorige Rettungsflieger in Sicht, eine BV 222. Das Flugboot landete so, daß es von den Männern trotz des eiskalten Wassers schwimmend zu erreichen war. Einige waren dem Tod nahe. Die Flieger fischten einen nach dem anderen aus der See.

Die BV 222 brachte sie nach Alta, etwa neunzig Meilen südlich von Hammerfest. Von den zweiundsechzig Mann aus Benders Besatzung hatten sich achtundvierzig retten können.

»Vierzehn Mann Verlust«, sagte der I WO bedrückt. Immerhin vermied er, hinzuzufügen: gestorben für das Vaterland.

»Gott sei ihren Seelen gnädig.« Dirk Lohner faltete die Hände zu einem stummen Gebet.

»I WO, stellen Sie die Verlustmeldung zusammen«, befahl Korvettenkapitän Bender nahezu automatisch.

26

Auszeiten

Die Überlebenden von Benders Boot hatte man in Urlaub geschickt. Danach sollten sie in Bremen eintreffen, wo auf der Vulkan-Werft die einzelnen Sektionen eines neuen Typ XXI zusammengeschweißt wurden. Korvettenkapitän Bender besorgte in Oslo norwegische Papiere für Dirk Lohner, was trotz seiner Verbindungen nicht einfach war. Mit Lohner, der ihm längst alles erzählt hatte, von Dr. Fiedler und Mykonos, fuhr er nach Unna, wobei er Dirk als seinen Offiziersburschen ausgab.

Das Haus, in dem er so lange mit seinen Eltern gewohnt hatte, war zerstört – ein nach Brand stinkender Trümmerhaufen. Magnesiumbomben und eine Luftmine hatten hier volle Arbeit geleistet. Seine Mutter war nach dem Angriff im Hospital gestorben. Vielleicht hatte sie aber auch der Gram über das langsame Dahinsiechen ihres Mannes umgebracht. Er hatte an einer Staublunge gelitten.

Sie wollten schon wieder zum Bahnhof, als eine

Nachbarin Bender in seiner blauen Uniform mit etwas Gold erkannte. Sie hatte ein Telegramm für ihn. Der Text war kurz: »BESUCH MICH IM ZILLERTAL – STOP – GUT KÖNIGSTEIN ZWISCHEN MAYRHOFEN UND ZELL – STOP – Unterschrift ›MARION KÖNIG‹.«

Nur wegen Dirk Lohner, den Bender vielleicht dort unterbringen konnte, fuhren sie hin.

Eine Transport-Ju-52, die Medikamente für die Italienfront geladen hatte, nahm sie bis München mit. Einen Tag später langten sie auf dem Gut in den Bergen an. Ein feiner Laden. Viehwirtschaft, Almen, Molkerei. Die Gebäude, die Stallungen, die Stadel und das schloßähnliche Gutshaus picobello in Schuß.

Marion König, in der Arbeitskleidung einer Gutsherrin, aber immer noch elegant, freute sich, Bender zu sehen. Ganz außer sich vor Glück, wollte sie es nicht glauben.

Bender hingegen blieb kühl-reserviert. »Da habt ihr gut investiert«, bemerkte er sachlich.

»Ich leite den Betrieb. Mein Vater wird in Unna gebraucht.«

Im Haus gab es Tee.

Nachdem er sie eingeweiht hatte, erklärte sich Marion bereit, Lohner hierzubehalten und zu verstecken. »Wir haben genug Fremdarbeiter. Ukrainer, Kriegsgefangene, das fällt nicht auf.«

Vertraulich hakte sie sich bei Bender unter, was ihm nicht sonderlich gefiel. Im Einspänner zeigte sie ihm das Gut. Einmal fragte sie unvermittelt. »Bist du schwul? Ich meine, wegen des blonden Jungen.«

»Habe nichts davon bemerkt bisher«, erwiderte er.

»Dirk ist der Freund eines bekannten Wissenschaftlers.«

»Und der ist dessen Freund.«

»Ich kenne ihn gar nicht.«

»Also eine Art humanitäre Handlung«, legte sie es aus.

»Tu nichts Gutes, es könnte böse enden. Aber nicht immer.«

»Du bist also nur seinetwegen hier, nicht meinetwegen.«

»Stimmt.«

»Verzeihen kannst du wohl nie?«

»Erst müßte ich vergessen«, sagte er, »und das will ich nicht.«

27

Das neue Boot

Die Luftüberlegenheit der Alliierten war so groß, daß ihre Verbände bei Tag angriffen. Durch die Bomben eines amerikanischen B 17-Pulks auf die Werft in Bremen wurde die Fertigstellung von Benders Boot um Monate verzögert. Da tagsüber Alarm war, fuhren Bender und der LI nachts über die Weser zu der Helling, wo die Sektionen des Typ XXI zusammengeschweißt wurden. Sie verfolgten die Arbeiten an dem Boot, das etwa so lang war, wie ein 100-Meter-Sprinter in zehn Sekunden schafft. Mit seinen sechs Metern Durchmesser sah es, verglichen mit den alten VII C-Booten, aus wie eine schwangere Seekuh. Es stank nach Azethylen und Ölfarbe. Genaugenommen fehlte an dem Boot noch das Heckteil. Es wurde in einem Stück, wie die anderen Sektionen auch, fix und fertig angeliefert. Alles wartete auf den Transport, denn im Heckteil befanden sich sämtliche Motoren des Antriebs, Diesel-Generatoren, Schrauben, Ruder und auch die Luftverdichter.

Besonders glücklich war der LI mit den neuen Maschinen nicht.

Während sie durch das von Scheinwerfern beleuchtete Innere des Bootes geisterten, kamen Bender die Arbeiter vor wie Zwerge in einem unterirdischen Bergwerk. Es wurde geschweißt, gesägt, gebohrt, geschraubt. Überall hektische Tätigkeit. Achtern nach dem Mannschaftsschlafraum war das Boot plötzlich zu Ende. Ein großes rundes Loch wie ein offenes Rohr ließ den kalten Nachtwind aus dem Dock hereinwehen.

Bender wiederholte seine Frage: »Freuen Sie sich auf die neuen Motoren, Sax?«

»Nein«, antwortete sein Leitender. »Sie kommen aus Augsburg und von Siemens und müßten eigentlich schon längst hier sein. In der letzten Sektion steckt alles drin.«

»Aber glücklich sind Sie nicht, wie mir scheint«, bemerkte Bender.

Da öffnete ihm der LI sein Technikerherz. »Ich bin eben die alten 9-Zylinder-Diesel von den VII C-Booten gewohnt. Jetzt verpassen sie uns die 6-Zylinder mit dem Büchi-Gebläse. Die leisten nur 2000 PS, also 800 PS weniger als auf den alten Booten.«

»Dafür sind die E-Maschinen fünfmal so stark, und mit der riesigen Batterie kommen wir beinahe hundertfünfzig Seemeilen weit.«

»Deshalb nennt man das Typ XXI ja auch Elektroboot. Andererseits ist der Rückgang deutlich sichtbar. Für mich sind die Diesel wichtiger als die E-Maschinen. Schließlich muß das Boot oft wochenlang zum Einsatzgebiet gurken, und zwar mit den Dieseln.«

»Keine Aufregung, LI, es ist über Wasser ja genauso schnell.«

»Ja, wenn alles klappt, läuft es fünfzehn Knoten, und die alten liefen siebzehn Knoten.«

»Aber unter Wasser fast achtzehn Knoten und die anderen nur sieben.«

Nicht, daß Bender von den Bedenken des LI unbeeindruckt geblieben wäre, aber als Kommandant wollte er ihn eben aufrichten. Sax erzählte noch etwas von Nockenwellenüberschneidungen und daß es keine Umsteuerung für Rückwärtsfahrt gab. Bender kümmerte sich aber mehr um das, was sein Anteil an der Konstruktion des Typs XXI war. Es gab jetzt vorne sechs Torpedorohre. Die 53-cm-Aale liefen in Führungsschienen. Der Ausstoß erfolgte mit Druckluft, aber so dosiert, daß es keinen verräterischen Schwall gab. Die Rohre ließen sich auf diese Art billiger herstellen. Außerdem verfügten sie über eine hydraulische Ladevorrichtung.

»Alles schön und fabelhaft«, sagte der kritische Sax, »falls die Aale funktionieren.«

»Mit dem Zaunkönig hatten wir keine Probleme.«

»Aber die Primärelemente für den Elektroantrieb sind schwerer geworden. Sie wiegen jetzt beinahe siebenhundert Kilo, und man muß sie vor dem Start auf 30 Grad erwärmen.«

Bender verbesserte seinen LI. »Sie wiegen sogar neunhundert Kilo, reichen aber achttausend Meter weit.«

Nach einer längeren Diskussion über die Torpedos und auch, warum man auf ein achternes Rohr verzichtet hatte, kletterten sie hinauf in den Turm. Die

Elektriker waren gerade dabei, den Schußrechner anzuschließen.

»Wer liefert diese Sektion?« fragte Bender. »Krupp oder Mannesmann?«

»Krupp«, erhielt er als Antwort. »Und Telefunken.«

Das Turmsehrohr war bereits funktionsfähig. Es ähnelte einem Karussell. Der Kommandant hockte auf einer Art Motorradsattel. Mit den Füßen betätigte er links oder rechts die Drehrichtung des Ganzen. An zwei Griffen für die Hände konnte er das Sehrohr aus- und einfahren. Es arbeitete mit Drucköl.

»Wie auf dem Jahrmarkt.«

»Allerdings ohne Billett.«

Dann hallten wieder die Alarmsirenen, und die Arbeiter verließen hastig das Boot. Nur Bender und Sax nicht.

»Hier fühle ich mich sicherer als in einem Bunker«, meinte Sax. »Immerhin schützt uns zentimeterdicker U-Boot-Stahl.«

Beinahe jede Nacht kam es zu Angriffen. Im Laufe es Winters auch an den kurzen, düsteren Tagen. Bis Weihnachten und in das neue Jahr hinein besuchten Bender, Sax und der I WO täglich das Boot. Auch andere Besatzungsmitglieder waren während des Baus dabei, damit sie wie im Traum wußten, wo die einzelnen Kabel und Leitungen etc. liefen, wo hinzulangen war. Einmal schlugen Bomben dicht neben dem Dock ein, doch sie beschädigten den Neubau nicht wesentlich.

»Aber eine Verzögerung gibt es«, bedauerte Sax, während sie mit dem Verkehrsboot von der Werft über die Weser zurück nach Bremerhaven fuhren.

Im Hotel flüsterte der Portier andeutungsvoll Bender zu: »Sie werden erwartet, Herr Kapitän.«

Er ging hinauf. Noch bevor er seine Zimmertür öffnete, erkannte er den Duft des Parfüms, irgend etwas teures Französisches – *Soir de Paris* vielleicht.

Im Raum saß Marion König im Sessel nahe der Dampfheizung, die Beine in Seidenstrümpfen hoch übereinandergeschlagen. Sie hatte dem Schneetreiben vor dem Fenster zugesehen und drehte nun das Garbo-Profil zu ihm hin.

»Entschuldige, daß ich dich warten ließ.« Seine Stimme klang beherrscht.

»Ich komme ja unangemeldet«

Bei der Begrüßung versuchte sie, ihn zu umarmen. Aber er ließ es nicht zu.

Wie um sich zu rechtfertigen, erzählte sie: »Ich hatte in Unna zu tun. Mein Vater ist nicht sehr gesund.«

Das schien ihn wenig zu interessieren, und man bemerkte es.

Deshalb kam sie gleich zur Sache. »Außerdem gab es Probleme mit deinem Schützling.«

Bender bestellte im Hotel Tee. Als er kam, goß er etwas Rum aus seiner Bordverpflegung hinein. Kandiszucker hatte er auch und Kekse. Dabei erfuhr er, daß Dirk Lohner versucht hatte, abzuhauen.

»Tagelang Schneefälle«, berichtete Marion. »Das nützte er aus. Wir suchten nach ihm und fanden ihn halb erfroren oben am Paß in einer Sennhütte. Ich pflegte ihn. Trotz Erfrierungen kam er wieder einigermaßen auf die Beine.«

Bender unterbrach sie nicht. Auch fragte er nicht, ob sie Dirk zur Rede gestellt habe, nichts dergleichen.

Nun entnahm Marion ihrer Krokotasche einen Brief. Bender musterte den aufgeschlitzten Umschlag. Dem Stempel nach zu urteilen war er über die Schweiz aus der Türkei gekommen. Adressiert war er an Dirk.

Zur Erklärung fuhr Marion fort: »Der große Bombenangriff im August auf die Raketenversuchsanstalt in Peenemünde beunruhigte Dirk so, daß er dort anrief. Angeblich gab es keinen Dr. Fiedler. Der Name war völlig unbekannt. Das klang so, als handelte die Telefonistin nach Anweisung. In Sorge schrieb Dirk an Fiedlers Mutter eine Postkarte. Nur ein paar Worte – ›Es war einmal in Mykonos – postlagernd Innsbruck.‹ Marion trat näher an die Heizung und schien dort ihren Rücken zu wärmen. Stockend erzählte sie weiter: »Ein Monat, oder war es noch länger, verging, bis der Brief aus der Türkei dalag.«

Sechs eng beschriebene Blätter. Die kleinen lateinischen Buchstaben zu lesen, war Bender lästig.

»Sag mir den Inhalt«, bat er Marion.

Sie faßte alles kurz zusammen: »Dr. Fiedler hat den Bombenangriff auf Peenemünde überlebt, aber nicht die Verfolgung durch die Gestapo. Er muß sie gespürt und erwartet haben. Sie waren hinter sein Geheimnis gekommen, hatten herausgefunden, daß er es war, der die Sabotageakte an den Steuerkreiseln durchgeführt hatte. Dies, wie er Dirk gestand, aus Haß auf die Nazis. Er wollte nicht, daß noch mehr Menschen in London oder auch in New York durch die unhörbar vom Himmel kommenden Raketen starben. Als Dr. Fiedler schon die Schlinge am Hals fühlte, fand er den Vorwand für eine Dienstreise nach Rumänien. Dort wurde in der Ölraffinerie Brahowa Raketentreibstoff hergestellt. Irgendwie gelang es ihm, von der Hafenstadt Konstanza aus übers Meer in die Türkei zu fliehen. Am Ende des Briefes stand: ›Ich werde dort sein, wo wir uns zum ersten Mal begegneten. In Liebe. F.‹«

Nach längerem Nachdenken äußerte sich Bender dazu. »Ich habe Dirk ermahnt, er soll dich nicht in Gefahr bringen. Er hat sich wohl nicht daran gehalten.«

Marion verbrachte die Nacht auf dem Sofa. Am Morgen brachte er sie mit dem Flottillen-Mercedes zum Zug. Er wünschte ihr, daß sie gesund heimkäme, denn die Fliegerangriffe häuften sich. Seine letzten Worte waren: »Und laß dir den Nerz nicht klauen.«

Nach Rückschlägen durch die Bombenangriffe und verzögerte Teileanlieferungen wurde Benders Boot im Frühjahr endlich fertig. Im Mai machten sie die ersten Probefahrten. Bis Helgoland.

Die Invasion der Alliierten im Juni in Frankreich wurde nach schweren Kämpfen zu einem Erfolg. Während Benders Boot für die erste Feindfahrt ausgerüstet wurde, eroberte bereits der amerikanische Schriftsteller Ernest Hemingway den Champagnerkeller des Hotels Ritz in Paris. Aber der Musiker und Swingkönig Glenn Miller, von dem Bender alle noch erreichbaren Schellackplatten besaß, war auf dem kurzen Flug von England nach Frankreich über dem Ärmelkanal verschollen.

Im Juli, als das Attentat auf Hitler schiefging und der Krieg noch immer kein Ende nahm, war Benders Typ XXI-Boot auslaufklar. Doch in der Nacht, bevor er es nach Norwegen überführen sollte, wurde es wieder durch Bomben beschädigt. Die Reparatur dauerte vermutlich mehrere Wochen, und in Benders Hotel lag ein Telegramm aus Österreich. Nur zwei Wörter: »SCHWIERIGKEITEN. MARION.«

Schwierigkeiten gab es auch bei den Maschinen des Bootes.

Der LI weigerte sich nach Beendigung der Reparatur, damit auf See zu gehen. »Die Einspritzpumpe des BB-Diesels arbeitet nicht richtig.«

»Reparatur möglich oder Umbau?«

»Nein. Man kann aus einer Flöte keine Trompete machen. Vermutlich liegt es auch an den Düsen.«

Sax erklärte, daß er ohne einen Reservesatz von Einspritzdüsen für die MAN-Diesel den Kampfeinsatz im Atlantik nicht verantworten könne.

»Wir haben zwar die Zuweisung, aber nicht die Teile«, fügte er hinzu.

»Fahren Sie selbst nach Stuttgart zu Bosch«, befahl Bender. »Treten Sie denen in den Achtersteven.«

Sax hatte auch diesbezüglich Bedenken. »Ein normaler Kapitänleutnant Ing. wird da wohl nichts bewirken. Aber wenn Sie mitkommen, Herr Kapitän, als Ritterkreuzträger mit Eichenlaub ...«

So fügte es sich, daß sie nach München fuhren. Für die Strecke von Bremen nach Stuttgart, die ein Schnellzug normalerweise in acht Stunden schaffte, brauchten sie einen ganzen Tag und eine Nacht. Immer wieder blieb der Zug wegen drohender Flugzeugangriffe in irgendeiner Station stecken. Die amerikanischen Jäger beherrschten absolut den Luftraum über dem Reich. Ab und zu zischte einer von den neuen Düsenjägern, die

Me 262, über sie hinweg, aber gegen ein Verhältnis von 1:50 kamen sie einfach nicht an.

Endlich in Stuttgart, konnte Bender die Ersatzteile bei Bosch loseisen. Er genehmigte sich noch vierundzwanzig Stunden Sonderurlaub. Als er im Zillertal auf Gut Königstein ankam, war es nicht mehr Dirk Lohner, der wie gewöhnlich den Lanz-Traktor vor den Heuwagen fuhr, sondern Marion in Kordhosen, mit Gummistiefeln. Sie stoppte ihren Trecker, sprang herunter und eilte auf ihn zu. Spontan küßte sie ihn links und rechts.

Zurückhaltend fragte Bender gleich geradeheraus: »Was gibt es für Schwierigkeiten?«

»Schon wieder Schwierigkeiten, meinst du. Nicht meine Schuld.«

»Wessen Schuld dann?«

»Dein Schützling Dirk ist fort, spurlos verduftet, schon seit zwei Wochen. Jetzt, am Sommeranfang, wird er es wohl schaffen, hinüber nach Italien in den Süden.« Verlegen fügte sie noch etwas hinzu: »Außerdem wollte ich dich noch einmal sehen. Immerhin stehen die Amerikaner schon beinahe am Rhein. Mußt du noch einmal hinaus auf See?«

»Wohl oder übel«, sagte er, nicht gerade begeistert.

»Die französischen Häfen sind in Feindeshand.«

»Wir laufen von Norwegen aus.«

Sie legte die Hand an die Stirn, denn die Sonne blendete sie. Zum ersten Mal war es, daß er die Farben ihrer Augen, dieses helle Blau, sah.

»Wie lange hast du Zeit?«

»Heute nacht geht mein Zug nach München.«

Marion ließ zwei Haflinger satteln.

»Ich bin kein guter Reiter und hasse eigentlich Pferde.«

Doch sie beruhigte ihn. »Deiner trabt immer brav hinter meinem her. Das sind Mutter und Sohn.«

Sie ritten auf schmalen, steinigen Pfaden hinauf auf die Alm mit dem weiten Blick bis zu den Hohen Tauern. Im Korb hatte sie einen Imbiß dabei. Es gab Vintschgauer, Brot, Speck und Rotwein. In dem ausgeschnittenen Dirndl, das den Brustansatz freigab, umrahmt von Spitzen, war Marion, ehrlich gesagt, immer noch das schönste Mädchen von Nordtirol. Sie saßen vor der Sennhütte an dem groben Tisch, und sie legte ihre Hand auf seine Rechte. Vorsichtig zog er sie darunter weg.

»Hast du auch ein Mykonos?« wollte sie wissen.

»Jeder hat eines«, antwortete er ausweichend.

Sie schien ihrem Herzen einen Stoß zu geben, als sie fragte: »Willst du nicht hierbleiben, bei mir, bei uns, oder zurückkommen wenigstens?«

Die Gesprächsrichtung paßte ihm nicht. »Ich muß wieder auf See.«

»Denk an Hagemann! Er ist vermißt.«

»Abgesoffen«, sagte er wahrheitsgemäß und versuchte, das Thema zu wechseln. »Warum hast du nicht geheiratet, Marion?«

»Den Bierdänen?« Sie lachte hell. »Ich habe nie im Ernst daran gedacht.«

»Aber du hast es gesagt, damals bei Hagemanns Hochzeit.«

»Nur um dich zu kränken.«

»War unnötig«, bemerkte er. »Das hattest du schon lange vorher besorgt. Es war wirklich unnötig.«

Er sagte es in den wunderschönen Sonnenuntergang hinein, voll Bitterkeit. Ein kühler Windhauch erfaßte beide und ein Schauer. Oben auf dem Hochfeiler lag noch Schnee. Jetzt um diese Stunde leuchtete er rosa verfärbt.

»Du kannst also nicht verzeihen«, bemerkte sie leise. Und noch leiser, fast mußte er es von ihren Lippen lesen, fuhr sie fort: »Es wäre doch so schön hier. Denk an Hagemann. *In aquis submersus.*«

»Aber es ist nicht mein Mykonos«, antwortete er ihr.

Stunden später, zum Abschied am Bahnhof in Innsbruck, küßte sie ihn auf den Mund, nicht flüchtig, sondern innig. Er ließ es zu. Doch dann packte ihn wieder sein alter Sarkasmus.

»Die letzten hundert Meter«, sagte er, »sind immer die schwierigsten.«

»Der Autor kennt die gnadenlose Hetzjagd auf Leben und Tod unter Wasser aus eigenem Erleben.«
Eberhard Bergmann, Berliner Morgenpost

Die U-Boot-Romane von Erik Maasch

Auf Sehrohrtiefe vor Rockall Island
ISBN-13: 978-3-548-24741-0
ISBN-10: 3-548-24741-5

Duell mit dem nassen Tod
ISBN-13: 978-3-548-26279-6
ISBN-10: 3-548-26279-1

Im Fadenkreuz von U 112
ISBN-13: 978-3-548-26462-2
ISBN-10: 3-548-26462-X

Letzte Chance: U 112
ISBN-13: 978-3-548-25731-0
ISBN-10: 3-548-25731-3

Tauchklar im Atlantik
ISBN-13: 978-3-548-26134-8
ISBN-10: 3-548-26134-5

U-Boote vor Tobruk
ISBN-13: 978-3-548-25333-6
ISBN-10: 3-548-25333-4

Die U-Boot-Falle
ISBN-13: 978-3-548-25773-0
ISBN-10: 3-548-25773-9

U 112 auf der Feindfahrt mit geheimer Order
ISBN-13: 978-3-548-25087-8
ISBN-10: 3-548-25087-4

U 115: Jagd unter der Polarsonne
ISBN-13: 978-3-548-25446-3
ISBN-10: 3-548-25446-2

U 115: Die Nacht der Entscheidung
ISBN-13: 978-3-548-25912-3
ISBN-10: 3-548-25912-X

U 115: Operation Eisbär
ISBN-13: 978-3-548-25651-1
ISBN-10: 3-548-25651-1

ULLSTEIN

Zur Geschichte des U-Boot-Krieges
Standardwerke von Rang

Fritz Brustat-Naval
Ali Cremer: U 333
ISBN-13: 978-3-548-25657-3
ISBN-10: 3-548-25657-0

Fritz Brustat-Naval / Teddy Suhren
Nasses Eichenlaub
Todesschach unter Wasser
Als Kommandant und F. d. U.
im U-Boot-Krieg
ISBN-13: 978-3-548-26399-1
ISBN-10: 3-548-26399-2

Stephan Harper
Kampf um Enigma
Die Jagd auf U-559
ISBN-13: 978-3-548-25778-5
ISBN-10: 3-548-25778-X

Karl-Friedrich Merten
Nach Kompaß
Die Erinnerungen
des Kommandanten von U 68
ISBN-13: 978-3-548-26402-8
ISBN-10: 3-548-26402-6

Martin Middlebrook
Konvoi
U-Boot-Jagd auf die Geleitzüge
SC. 122 und HY 229
ISBN-13: 978-3-548-23534-9
ISBN-10: 3-548-23534-4

Theodore P. Savas
Lautlose Jäger
Deutsche U-Boot-Komman-
danten im Zweiten Weltkrieg
ISBN-13: 978-3-548-25205-6
ISBN-10: 3-548-25205-2

Joseph Mark Scalia
U 234 – In geheimer Mission nach Japan
ISBN-13: 978-3-548-26292-5
ISBN-10: 3-548-26292-9

John F. White
U-Boot-Tanker 1941-1945
Unterwasser-Versorger
für die Wolfsrudel
ISBN-13: 978-3-548-25907-9
ISBN-10: 3-548-25907-3